IRRIGATIONS
PRAIRIES ET INONDATIONS.

IRRIGATIONS ET PRAIRIES

COMBINÉES A CONVERTIR

LES INONDATIONS

EN UNE RICHE CONQUÊTE,

soit à nous donner du même coup la solution des quatre plus importants problêmes que les sociétés modernes aient à résoudre;

Savoir :

1° LE VŒU EXPRIMÉ PAR S. M. NAPOLÉON III, DE PRÉVENIR LES INONDATIONS (voir chap. 4, art. 5.);

2° PRÉSERVER LES TERRES EN PENTE CONTRE LES RAVINES ET LES FERTILISER (voir chap. 3, 6.);

3° CONQUÉRIR LES INÉPUISABLES ALLUVIONS ou FUMIERS DES EAUX POUR AMENDER LES TERRES (voir chap. 5.);

4° OBTENIR L'ABONDANCE DES RÉCOLTES EN FAVEUR DES PEUPLES, (voir chap. 2, 6).

Par J. P. BARGNÉ,

Membre du comice agricole de Florac et commis^{re} Enqr. d'Agriculture.

1861.

IRRIGATIONS,

PRAIRIES ET INONDATIONS.

CHAPITRE I.

Point de vue général de cet écrit. — Réfléxions sur la nouvelle direction à donner à la source de nos récoltes.

ARTICLE 1. LE bonheur des peuples, en ce qui touche leur alimentation et leur bien-être, nécessite impérieusement pour la France la solution de quatre grands problèmes.

1° Celui dont Sa Majesté NAPOLÉON III a sollicité l'exécution (voir ci-après chap. 4), problème qui doit éviter les terribles inondations qui ravagent fréquemment les riches vallées, les villes, les campagnes et les récoltes qu'elles rencontrent dans leur cours.

Depuis longtemps les hommes qui s'intéressent au bonheur du genre humain sont à la recherche d'un moyen qui puisse rémédier le plus économiquement possible à ces grands désastres. Divers systèmes ont été proposés sans qu'on ait pu obtenir des résultats (voir les raisons chap. 10, 11).

Notre gouvernement, dans sa sollicitude pour le bonheur des populations, a ordonné à divers ingénieurs des études qui depuis 1856 ont été poursuivies le long de nos cours d'eau avec beaucoup de soins et de dépenses; car il faut absolument contre ces sinistres un prompt et efficace remède.

2º Nos **TERRES EN PENTE** sont ruinées de plus en plus par les ravines torrentielles ; déjà sur deux millions huit cent mille hectares la couche végétale a été emportée, il n'y reste que le rocher mis à nud par ces eaux dévastatrices ; sur d'autres vastes étendues labourées par les torrents on n'y voit plus que quelques lambeaux de terres susceptibles de quelque produit ; mais ces terres excoriées et battues par les eaux et les vents sont continuellement entraînées, et contribuent avec les ravines à former les inondations.

Ici on a conseillé, mais encore sans résultat, le remède du reboisement, remède à l'extention duquel s'opposent des obstacles insurmontables (voir chap. 11 art. 16 et sᵗ). Combien est-il donc nécessaire d'apporter un remède pratique et productif à cet état désolant des pays en pente afin de disputer aux ravines les 8 et 9 millions d'hectares de ces terres qui sont encore susceptibles d'être sauvés, d'y reconstituer la couche végétale afin d'y obtenir des produits beaucoup plus abondants et mettre un terme à ces dépopulations et à ces émigrations qui ont lieu sur le flanc de nos montagnes à mesure que le sol nourricier disparaît (voir chap. 4 et art. 9).

3º Des riches et inépuisables fumiers ou alluvions sont sans cesse emportés par les eaux torrentielles avec la couche végétale de ces terres en pente, et vont se perdre dans les mers. Ces alluvions ou ces terres si bien mélangées par les eaux sont d'une *valeur* dont l'immense portée est presque sans limites ! (voir les sommes de ces charrois cha. 5, 9) succeptibles de fertiliser en peu de temps nos terres stériles et d'enrichir les peuples.

Rien ne serait donc plus pressant qu'une solution par laquelle nous pourrons faire la *conquête* de ces charrois des eaux susceptibles de grandir énormément nos récoltes ! vu surtout le manque de fumiers dont nos terres sont si dépourvues.

4º Les **FOURRAGES** manquent pour les trois quarts environ à notre agriculture. Cependant nous verrons (chap. 2, 3,

4, 6, 10, etc.) que *ces produits sont la base indispensable* des trois grandes solutions que je viens de mentionner en même temps que la source de toutes nos récoltes. Et je puis sans crainte garantir que faute d'une grande augmentation de cette source, rien ne pourrait arrêter la marche progressive des terribles catastrophes qu'une fausse direction des eaux et des terres occasionne (voir chap. 10, 11 et s⁵). Les produits du sol seraient toujours insuffisants et nous aurions sans cesse à recourir à l'étranger pour de fortes sommes de bestiaux et de grains.

Nos agronomes ont presque tous compris cette grande nécessité d'étendre la base de nos récoltes ; quelques-uns ont même proposé divers remèdes, mais tous ces remèdes ne pourraient jamais combler un si grand vide, encore moins résoudre ces trois autres problèmes que je viens d'énoncer.

Article 2. Il serait donc difficile de distinguer laquelle de ces quatre grandes améliorations est la plus pressante, ou celle que les besoins des peuples réclament avec le plus d'ensemble ?

Cependant, malgré les éminents progrès industriels que notre siècle a déjà accompli, malgré les recherches qu'on a faites pour résoudre séparément chacun de ces problèmes, nous en sommes encore, à l'égard de ces besoins de premier ordre, au dernier degré de l'imprévoyance, car sur ces quatre questions le mal progresse au lieu de diminuer. (voir chap. 4, art. 9.).

Article 3. Les causes de cet *insuccès* résultent d'une foule d'obstacles combinés à un manque de direction des terres et des eaux, qu'il me serait trop long de bien discuter ici, mais qui ne pouvaient aboutir qu'à rendre ces problèmes insolubles.

D'abord *une clef* principale qu'on a toujours ignorée était à découvrir : C'est *l'union, la solidarité ou la connexité de ces quatre grands problèmes ;* c'est qu'au lieu d'attaquer ces améliorations séparément comme on l'a fait jusqu'ici, il fallait les poursuivre toutes quatre à la fois, soit les résoudre l'une par l'autre par les mêmes travaux.

Art. 4. Le genre de ses travaux nécessitait aussi deux autres importantes découvertes, ou *deux autres clefs* dont j'indiquerai les fonctions (voir chap. 3, 7). Quand à l'union de ces quatre problèmes, celui qui n'étudiera pas la nécessité de cette union, croira difficilement que ces résultats soient plus faciles à obtenir tous à la fois qu'en les poursuivant l'un après l'autre; cependant je puis affirmer, sans crainte d'être démenti, que les quatre solutions sont plus faciles et moins coûteuses à vaincre toutes ensemble, que si on n'en voulait qu'une seule, parcequ'il faut qu'elles s'entraîdent réciproquement dans leur marche, de manière à atteindre *le double but que les dégats des terres exposées aux ravines et inondations soient convertis en de riches récoltes.*

Il faut, par exemple, que de ces travaux, tout à la fois préservatifs des terres en pente et des *inondations, résultent la nourriture des peuples* qui doivent les exécuter, vu les vastes espaces de 8 à 9 millions d'hectares d'étendue; tandis qu'une seule solution, si elle n'a pas pour base l'accroissement des produits du sol, rencontrerait toujours des obstacles insurmontables (voir ch. 10 et ch. 11 art. 15 et suivants) dont un seul, le défaut d'aliments, lorsqu'il s'agit de nourrir plusieurs millions d'individus, disséminés dans tant de vallées inaccessibles (voir ch. 18) mettrait à néant tout autre système.

5. Une circonstance mémorable dirigea mes études vers ces découvertes. Avant 1856 je voyais à regret défiler vers les mers ces riches charrois que nos cours d'eau recrutent sur le flanc de nos montagnes, avec des pertes dont la couche végétale se trouve de plus en plus appauvrie.

6. J'avais compris une partie des avantages que ces charrois sont susceptibles de devenir en faveur de nos récoltes; je cherchais à découvrir quel serait le meilleur et le plus économique moyen de nous emparer de ces inépuisables fumiers, de manière *à profiter nos alluvions à l'instar de l'Egypte envers celles du Nil;* lorsque le *problème des inondations sollicité par notre Empereur* (voir ch. 4. art. 5.) et la vue de maux si terribles à

prévenir, m'obligèrent aussi à étudier le moyen de retenir ou
absorber tout à la fois les eaux torrentielles et les alluvions.

7. Après des expériences longues et suivies pour infiltrer ces
eaux bourbeuses sur le sol stérile, jusques sur les plus abruptes déclivités, surtout pour y répandre ces précieux charrois
torrentiels qu'on peut y diriger avec les eaux, je suis enfin
arrivé à découvrir une à une les avantageuses combinaisons
qui résolvent les quatre problèmes ci-dessus.

8. Enthousiasmé des avantages que ces procédés m'ont déjà
donné par la pratique (voir ch. 8.) et voyant les immenses
revenus qu'ils peuvent procurer aux populations, je n'ai pas
hésité, malgré mon inexpérience littéraire, de m'efforcer de
leur faire part des moyens par lesquels il est facile de conquérir ces richesses qu'on ne saurait jamais assez apprécier.

9. Chacun sait que les terres et les eaux qui constituent le
Globe sont la source qui nourrit tous les peuples, par leur
combinaison avec l'air et le vaste laboratoire chymique d'une
infinité de végétaux et d'animaux.

10. Or, si par des moyens plus à la hauteur des progrès de
notre époque, il était donné à l'homme d'améliorer et grandir
cet immense laboratoire jusqu'au point de tirer des eaux et des
terres tout ce que ces deux inépuisables éléments sont susceptibles de lui fournir, et celà avec le moins de travail possible,
s'il pouvait de plus empêcher ces grands ravages des eaux que
nous examinerons ch. 4, 10, 11, il est évident qu'il aurait
atteint, pour ce qui concerne sa nourriture, ses vêtements, sa
sécurité, etc., la plus grande somme de richesses qu'il puisse
espérer sur cette terre.

11. Mais que nous sommes loin de connaître cette grande
base de nos récoltes, ou les moyens de les obtenir par ces inépuisables ressources que nous offrent les merveilleuses combinaisons des charrois torrentiels; et plus loin encore de connaître les divers genres de travaux de prévoyance qui peuvent
maîtriser en les utilisant ces courants bourbeux, courants par
lesquels il nous sera pourtant facile de grandir dans de vastes

proportions tous les produits du sol, tout en allégeant le travail pénible des classes laborieuses. (voir ch. 2, 14, 15).

12° Mes recherches pratiques des affinités des charrois torrentiels avec les végétaux, plus mes expériences des divers engins d'irrigation (ch. 7, 12, 13,) *pour la conquête des fumiers de ces eaux* dont je veux livrer à la société une description aussi complète qu'il me sera possible, tout fera connaître aux hommes qui sonderont la portée de mes découvertes que dans notre vieille Europe, dans la France où doivent principalement se fixer nos soins, nous y sommes, malgré la civilisation actuelle, extrêmement en retard et très-inférieurs à d'autres peuples bien moins éclairés.

A peine si dans les contrées stériles nous savons obtenir un cinquième des produits qu'une direction mieux combinée des eaux et des terres peut nous fournir.

13. Nos terribles inondations, des millions d'hectares rendus impropres à toute culture par les ravines, principalement dans les montagnes des Cevennes où les terres en pente, quoique garnies de châtaigners, y sont emportées par les eaux torrentielles et y deviennent de plus en plus inhabitables. (voir ch. 4, art. 9.) Notre manque d'aliments, les catastrophes des ravines, des inondations, etc. résultent de cette grande imprévoyance!

14. Ce manque de direction des eaux et du sol nous a conduits à tel point, que la France, malgré le génie de ses populations, achète à grands frais une foule de produits alimentaires (v. ch. 21, art. 3) elle est aussi dans la nécessité de fabriquer des matières fertilisantes, elle en importe même depuis l'Amérique (le Guano par exemple) lorsqu'elle pourrait au contraire exporter beaucoup de ces produits nourriciers, si elle savait conquérir ces riches et inépuisables limons que les eaux torrentielles recrutent sur son sol et conduisent dans les mers.

15. C'est donc *vers les eaux et principalement vers les eaux bourbeuses* qui emportent cette somme immense de matières dites alluvion; c'est vers l'intarissable ressource qu'offrent

leurs charrois à l'humanité par les bouleversements prodigieux qu'elles exécutent, par leurs fréquents voyages ou ascension et descente que le Créateur de l'univers a si admirablement organisé sur tout l'espace immense des mers, par cette merveilleuse transformation que nous appelons nuages, au moyen desquels les eaux arrivent jusques aux plus hautes sommités de notre Globe où leur condansation produit ces pluies si indispensables, mais qui souvent, à cause de notre profonde imprévoyance, sont si désastreuses !

C'est, dis-je, vers les combinaisons de ces charrois avec les végétaux, la place que les cultures préservatrices doivent occuper, (chap. 14, 18,) les moyens d'augmenter ces cultures, que nous devons diriger nos regards.

16.   Il est clair que les sociétés anciennes et modernes, sauf les pays tels que l'Egypte, qui ont reçu naturellement les alluvions, ont ignoré la valeur de ces eaux bourbeuses ; et que si leurs charrois ont été quelque peu connus par quelques hommes spéciaux, les moyens pour en fertiliser le sol ailleurs que sur les plaines submersibles, ont été voilés par les diverses causes que je dois indiquer. (voir chap. 7, 8, 10 à 15, etc.) Cette ignorance des alluvions a aussi une cause dans les guerres qui jusqu'à nos jours avaient rendu les peuples plutôt barbares que prévoyants ou industrieux.

C'est donc l'ensemble de ces divers faux procédés, le manque d'union de direction, etc. qui ont occasionné ces terribles désastres des eaux tout en privant l'agriculture de cette grande conquête qui devait être placée en première ligne parmi nos plus précieuses institutions.

Il faut encore aujourd'hui pour ces irrigations, où souvent un ensemble de propriétaires sont intéressés, qu'une haute direction intervienne. (voir chap. 17 à 20.) Il faut surtout que les peuples jouissent d'avance du bon vouloir, du crédit de la stabilité de leur gouvernement, qualités indispensables dont nous avons le bonheur d'avoir constitué chez nous l'édifice à un bien haut degré.

17.   Nous pouvons donc incessamment organiser pour établir dans notre patrie la plus puissante source de prospérité que nous ait offert la nature ; source qui , par ses combinaisons chymiques avec les terres, produira en abondance les végétaux, les animaux et autres produits (voir chap. 2, 6,) qui nous manquent : Soit toutes à la fois les importantes améliorations citées ci-dessus et qui constituent *la plus féconde des conquêtes qu'aucune nation ait jamais fait !* (voir au chap. 9 les sommes qui peuvent en résulter !)

18.   Pourrai-je, muni seulement de ce mémoire que la pratique a chez moi consacré (voir chap. 8.) et dont depuis 1856 j'ai longuement réfléchi sur ses avantages , faire comprendre aux hommes l'impérieuse nécessité qui doit nous obliger *(ne serait-ce qu'au point de vue de la charité, par le bonheur qui en résultera pour les peuples)* à travailler chacun selon ses forces à poser sans retard la base de cette régénération et développer ainsi l'irrigation de nos vastes étendues stériles. (chap. 14.) C'est précisément dans les difficultés de me faire comprendre que je vois surgir les obstacles les plus sérieux à l'organisation de la base de nos récoltes. Base qui demande pour chacun de mes lecteurs des études , et s'il est possible, des expériences pratiques et réfléchies, tandis que celui qui se contenterait de quelques regards suspects ou indifférents n'aboutirait jamais.

19.   Cette crainte de n'être pas compris, surtout des cultivateurs qui ont rarement le loisir de sonder tout l'ensemble d'un mémoire , excusera j'espère dans celui-ci des répétitions ou incorrections que je désirerai soigner un peu plus. Mais je vois, d'un autre côté, les améliorations que je signale tellement pressantes à effectuer, que d'après cette seule considération, je me croirais blâmable si je m'arrêtais plus long-temps à la rédaction de cet aperçu ; vu surtout , qu'aidé par la pratique, je puis suffisamment justifier ce que j'affirme.

20.   Ce qui me donne l'espoir que les quatre importantes solutions que mon système nous donne trouveront bientôt des hommes disposés d'en faire l'épreuve, c'est qu'une d'elles doit

produire jusques sur les terres les plus stériles l'abondance des récoltes, base indispensable du bonheur des peuples, pour qui les économistes ou les hommes de bien , qu'elle que soit leur position, s'intéresseront toujours.

21.   C'est l'augmentation de revenu que trouveront à leur tour les propriétaires qui adopteront ces faciles moyens de fertiliser le sol ; car c'est par l'intérêt surtout, ou par les encouragements de l'État que les cultivateurs pourront recevoir le stimulant le plus énergique pour se diriger avec le plus d'entrain vers ces féconds résultats.

22.   C'est enfin particulièrement pour la France le pressant besoin de combattre les *inondations ;* besoin si bien apprécié par notre Empereur (voir chap. 4. art. 5.) qui me fait aussi espérer que ce grand problème qui se résout , de même que les trois autres que j'ai cité art. 1. par les prairies , les irrigations torrentielles, etc. , obtiendra par ce triple avantage , et avec d'autant plus de raison toute la sollicitude du Gouvernement et des hommes de bien.

CHAPITRE 2.

Les Prairies , convenablement dirigées et multipliées, seront la base la plus efficace du régime préservatif des terres en pente et des inondations , la source de nos récoltes, soit la principale clef de nos plus importantes améliorations.

1.   Si de la combinaison chymique des eaux et des terres résultent tous nos aliments, il est certain que du moyen le plus économique d'obtenir ces combinaisons doit résulter ce maximun de prospérité que tous les hommes sont intéressés d'atteindre.

2.   Nous verrons (chap. 14, 17) et les Agriculteurs savent tous que les prairies sont le genre de culture le plus écono-

mique, d'abord pour la main d'œuvre, ensuite sous divers rapports. Il sera aussi bien clair pour tous, que *les prairies combinées au système d'irrigations et de pelouses pour la conquête des alluvions que je pratique, sont la base de toutes nos récoltes, et la base de nos autres grandes améliorations.*

3.   En effet, les prés une fois gazonnés (chap. 14) demandent très peu de travail, si ce n'est l'entretien des irrigations, le coupage ou le ramassage des foins, et c'est toutefois par la source des fourrages que nous obtenons le plus facilement toutes les matières premières qui constituent notre nourriture.

D'abord, les cuirs, les laines pour nos vêtements, les laitages, la viande de boucherie, etc ; ensuite les fourrages nourissant les bestiaux qui fournissent de plus, les fumiers, puisque ces fumiers font venir les grains, les légumes et toute espèce de récoltes; il s'en suit que tout ce qui produit la nourriture, les vêtements, en un mot le bien-être matériel des populations, doit prendre sa source dans les prairies ; il nous convient donc de les grandir, de les fertiliser, pour rendre cette source alimentaire aussi abondante que possible.

4.   La nécessité de cette grande base que produit les fourrages a été déjà un peu comprise par les populations, puisque un proverbe très juste et souvent répété dit: *Celui qui a du foin a du pain* ! Un autre non moins populaire dit encore : *Si tu veux du blé fais des prés.*

5.   Beaucoup d'agronomes anciens et modernes ont encore reconnu cette grande nécessité d'augmenter les fourrages, lorsque Caton disait : *Celui-là a bien mérité de la patrie, qui a trouvé le moyen de faire pousser deux brins d'herbe où il n'en poussait qu'un* ! Si plus près de nos jours, Sully assurait que les herbages *sont les mamelles de la France*, c'est qu'en effet, ces Sages du temps passé avaient déjà reconnu la nécessité d'augmenter cette source génératrice de tout ce qui végète.

6.   Cependant, malgré de milliers de preuves de ce besoin

de fourrages, malgré des étendues très considérables de prairies artificielles que les agronomes de nos jours ont si fortement conseillé, malgré que ces prairies sur beaucoup de positions des plaines y occupent trop longtemps la place des grains ou des légumes (voir chap. 18 art. 3, 4), il est bien démontré qu'il manque à la France plus des deux tiers des foins qui lui seraient nécessaires, seulement au point de vue de l'insuffisance de nos récoltes.

Et je dois ajouter que sous trois autres points de vue les plus importants : *Une bonne direction des eaux et des terres doit nous conduire à gazonner ou garnir de pelouses, en suivant les procédés que nous verrons chap. 3, 4, 6, 7, 12, à 15, etc, deux ou trois fois plus d'espace que ce que nous en avons, tout en soumettant les prairies naturelles qui existent à ce nouveau régime.*

7.   Car, si sans ces prairies à pelouses que j'indiquerai (ch. 3, 13,) le sol en pente, la dépopulation, les ravines, les grands débordements torrentiels, nos achats à l'étranger pour tant de millions (voir chap. 21 , art. 3.) la ruine de notre agriculture etc. (voir chap. 4, 10, 11.) ne peuvent aller que de pire en pire, quel stimulant plus fort faudrait-il et vers quel but plus efficace pourrions-nous nous diriger, si ce n'est vers ce moyen de guérir tant de maux connexes?

8.   S'il est donc établi que c'est dans cette grande base des récoltes fourragères, soit du sol qui les produit, (combiné aux alluvions des eaux) que doit résulter l'abondance de nos récoltes , ainsi que les trois autres solutions, il ne manque donc pour obtenir le tout qu'un infaillible et économique moyen de constituer solidement cette grande base. (voir chap. 14, 16 et suivants.)

9.   Or , le système de prairies spongieuses avec irrigations torrentielles , digues-à-grille, que j'ai mis en pratique (voir chap. 8.) c'est-à-dire , le moyen de féconder , reconstituer la couche végétale des terres stériles , en amenant partout où pourra atteindre le niveau des eaux bourbeuses, ces immenses

quantités de matières si fécondes (voir chap. 5.) que nos cours d'eau charrient en pure perte dans les mers, et que nous pouvons ainsi à peu de frais, avec une bonne direction (ch. 17.) leur faire charrier sur les terres, *est nécessairement la principale Clef de l'agriculture, de la préservation et reconstitution du sol, et en même temps la seule clef pratique, pour fermer la porte aux inondations.* (voir chap. 3, 10 et 11.)

CHAPITRE III.

Prairies à pelouses pour conquérir les Alluvions des eaux, soit pour obtenir la solution de nos quatre grands problèmes.

1. On aura peine, dès le principe, de se rendre raison de l'immense portée d'un système de culture, qui tout en préservant le sol qu'il occupe des destructions torrentielles, peut au moyen de la conquête de ces riches alluvions que nous examinons (chap. 5.) épaissir et fertiliser progressivement la couche végétale du sol, y opérer la double absorption, 1° des pluies et 2° celles qu'une bonne distribution peut y dériver des cours d'eau voisins, celà jusques sur ces terres à pente excessive et dépouillées de la couche végétale où aucun autre produit ne serait cultivable.

2. Tel est pourtant le système des prairies que j'appellerai prairies à pelouses, ou prairies spongieuses, dont je donnerai les détails des moyens de les établir, de les arroser, etc., pour les rendre de plus en plus productives (voir chap. 12, 13, 14 et 15); système qui, combiné aux endiguements avec grillage des cours d'eau pour les irrigations pendant les crues grandes et petites des rivières, résout d'une manière aussi parfaite, aussi profitable que possible, les quatre importantes améliorations signalées. (chap. 1.)

3. Pour obtenir ces résultats, il suffira de gazonner principalement les terres en pente selon les procédés décrits (ch. 14) et celles en plaine selon le système d'assainissement. (ch. 15.) Ont doit ensuite, dès que le sol est garni d'épaisses fourrées, dès que les racines des herbes l'ont bien cimenté, ou que les fanes le couvrent de manière à ce que les eaux ne puissent emporter la terre ; irriguer ces prairies, c'est-à-dire, y amener des eaux bourbeuses à chaque crue torrentielle autant qu'il est possible d'y en répandre. (voir chap. 12.)

Et comme ces herbes spongieuses, leurs fanes ou leurs racines sont une base indispensable pour retenir ces eaux et leur alluvion, la faux, ni aucun bétail ne doivent pendant les saisons expliquées chap. 13, détruire ces pelouses.

4. On doit donc seulement y couper les fourrages et les regains, de même que les bonnes graines fourragères, à l'époque de leur maturité, en ayant soin que la dernière coupe soit assez avancée pour que le sol ait le temps de se garnir, et qu'il puisse rester couvert pendant l'automne, l'hiver et le printemps d'une pelouse bien touffue et longue d'environ 4 à 8 centimètres

5. 1° Nos *terres en pente*, couvertes de ces éponges artificielles et irrigables, présentent plusieurs avantages, dont les quatre plus marquants produisent chacun *un résultat immense ;* car les déclivités ainsi garnies d'herbes protectrices sont la *base des quatre grandes solutions* que j'ai signalé, savoir : 1° Le sol du flanc des montagnes ainsi gazonné ne peut être détruit par les eaux pluviales ou les ravins (voir ces destruct. ch. 4.)

6. 2° Ces terres en pente ne contribuent plus à grossir les cours d'eau puisque les fortes pluies s'y imbibent dans le tissu moelleux ou spongieux des herbes vertes et sèches, dans leur détritus ou dans leurs racines, comme si ces pelouses étaient un vaste filtre ; (voir chap. 6. art. 4.) de sorte que ces déclivités du flanc de nos montagnes, ou qui longent nos vallées, loin de produire comme auparavant les inondations, absorberont au contraire les cours d'eau qu'on pourra y dériver, cela en telle abondance, que j'ai calculé

qu'un hectare absorbe en moyenne les eaux pluviales de trois ou environ 80 mètres cubes de ces eaux bourbeuses par heure, plus ou moins selon la perméabilité du sol, l'épaisseur des fourrées, la pente, etc. Et que seulement 4 ou 5 millions d'hectares soumis à ce régime de pelouses, soit des anciennes soit des nouvelles prairies, et ces étendues régulièrement irriguées selon les procédés chap. 7, 12, 13, etc, pendant les crues torrentielles, feront infailliblement disparaître ces terribles inondations (chap. 10, 11) qui désolent si fréquemment nos vallées.

7.   3º Ces terres ainsi garnies de ces prairies spongieuses, s'emparent des inépuisables charrois fécondants des cours d'eau, le sol le plus stérile constitue sa couche végétale, s'enrichit jusques sur les déclivités les plus fortes aussi bien que les plaines submersibles de l'Egypte ou du Sénégal (voir ch. 5. art. 4 et chap. 14) de limons et autres matières très fertiles que les eaux charrient dans ces pelouses, terres qui en peu de temps s'exhaussent avec la pousse des herbes, et augmentent ainsi l'épaisseur toujours souple et aérée de cette couche végétale.

8.   4º De la fertilité du sol ainsi enrichi, et perméable à l'eau et à l'air au plus haut degré, résulteront des vastes étendues de belles et bonnes prairies, sur les terres stériles, rocheuses ou graveleuses, terres qui, sans ce système fécondant, ne pourraient être affectées à aucune autre culture, et ne produiraient absolument rien que des eaux torrentielles, tandis que ces terrains improductifs pourront bientôt augmenter énormément les produits fourragers, jusqu'à arriver dans beaucoup de contrées du flanc de nos montagnes, où se trouvent tant de ces parcelles incultes irrigables à y décupler ces produits! (voir chap. 8.)

9.   Et puisque nous avons vu (chap. 2.) que c'est du manque des fourrages que dépend le manque de nos autres récoltes, il s'en suivra immanquablement la *solution la plus complète et la plus avantageuse des quatre problèmes les plus importants que les sociétés civilisées aient à résoudre.*

Les trois chapitres qui suivent donneront des plus amplés détails de l'importance des pelouses ; des charrois des eaux à conquérir, etc.

CHAPITRE 4.

Des prairies à pelouses considérées au point de vue de la préservation du sol en pente contre les ravines, et en vue de vaincre les inondations. Problème sollicité par notre Empereur.

1. Lorsqu'on réfléchit à ces terribles destructions que les pluies diluviennes font éprouver au flanc de nos montagnes, à la progression croissante de ces ravines qui dans moins de 40 ans ont creusé le sol des terres en pente sur certains points à plus de 10 mètres de profondeur ;

Lorsqu'on considère ces milliers de vallées si creuses, ces grandes étendues de rochers dépouillés où tant de siècles de ces dévastations ont laissé leur empreinte ineffaçable ! (voir encore ces charrois chap. 5.) on demeure surpris que l'homme n'ait pas pensé plutôt à utiliser à son profit ces bouleversements si formidables !...

Il est donc de la plus haute importance pour les générations de chercher à profiter en faveur des produits du sol, cet auxiliaire si puissant, si infatigable qui descend des nues et remonte sans cesse en si grande quantité depuis les mers, (chap. 1, art. 15.) plutôt aux vues du Créateur pour féconder les pays, que pour les détruire ; de l'employer, sur la place même où il opère ses ravages, à y fertiliser les terres dont une aveugle imprévoyance lui en a, au contraire, facilité les dégradations (voir chap. 10 à 14.).

2. Nous voyons lors des fortes pluies, sur les parties où il reste encore quelque parcelle de terre végétale, dès que cette

terre se trouve dégarnie de fourrées, remuée par la pioche, par la charrue, par le piétinement des bestiaux, ou par tout autre cause, des milliers de nouveaux ravins et torrents s'y former ; la couche de terre cultivable disparaît bientôt, et le sol se trouve ainsi tout-à-fait stérile, ne présentant souvent que le rocher, ou un sous-sol aride, pierreux, schisteux, etc. où les eaux pluviales glissent très rapidement et y constituent les inondations.

3.   C'est donc à ces milliers de dégâts combinés à diverses fausses manières de cultiver ou de diriger les eaux et les terres (voir chap. 7, 8, 10, 11. à 14, 17, 19.) au manque de moyens d'échange (chap. 18.) etc. que nous devons cette misère des peuples qui habitent le flanc des montagnes ; et c'est ce qui explique encore ces regrettables émigrations du sein de ces pays si maltraités, et les dépopulations que nous y signalent tous les recensements !

D'un autre côté, l'agglomération des eaux qui se réunissent sur les terres nues ou meubles, combinées aux charrois qu'elles y lèvent, produisent souvent le long des vallées inférieures, où se précipitent ces masses bourbeuses, des inondations terribles ; inondations qui, sans occasionner à ces terres en plaine, ces déchirures profondes qu'elles font éprouver au flanc des montagnes, puisqu'elles laissent au contraire à diverses positions de ces plaines des dépôts précieux (chap. 5.) y sont toutefois l'épouvante et la désolation des riverains ; car ceux-ci se voient à tout moment exposés avec leurs provisions, leurs marchandises et leurs demeures, à être entraînés ou ruinés par ces courants impétueux !

4.   Plusieurs de ces effroyables débordements de nos rivières ou de nos fleuves ont occasionné dans les basses plaines, et surtout dans plusieurs villes et villages, ou aux récoltes qui se trouvent sur le bord de nos cours d'eau, des dégâts des plus affligeants !

La fin mai et les 1ers jours de juin 1856 en furent des exemples terribles ! *Notre Empereur*, dans sa sollicitude pour le bonheur des peuples que la Providence a confié à ses soins, daigna se porter sur les lieux les plus affligés par ces *inonda-tions* !

5. *Sa Majesté,* frappée par tant de misère et de dégâts, après avoir généreusement fait distribuer des dons très considérables au plus nécessiteux, écrivait le 19 juillet suivant, une lettre d'une grande portée à l'adresse de son Ministre de l'Agriculture et T. P. dans laquelle on lit ce remarquable et énergique fragment :

« *Mais quant au système général à adopter pour mettre à l'abri de si terribles fléaux nos riches vallées traversées par des grands fleuves, voilà ce qui manque encore et ce qu'il faut absolument et immédiatement trouver ?*

6. Ce problème de la plus haute importance dicté par la sollicitude toute paternelle du Chef de l'État, était de nature à donner à réfléchir à quiconque aime sa patrie, à quiconque s'intéresse à la guérison de ces vastes maux qui affligent tant de peuples, et dont la France est peut-être le pays qui en souffre le plus.

Des études furent immédiatement ordonnées à des ingénieurs par son Excellence M. le Ministre de l'Agriculture et T. P., afin de rechercher le long de nos cours d'eau, et surtout vers les montagnes d'où partent ces courants bourbeux, les moyens les plus pratiques pour les y retenir, ou pour résoudre par quelque moyen ce vaste problème ?

7. De mon côté, ayant déjà eu l'occasion d'apprécier la valeur des eaux bourbeuses de celles-là qui commettent ces dégâts et ma propriété étant située sur le penchant des montagnes des Cévennes, où se réunissent le plus ces eaux dévastatrices, je voulus étudier et expérimenter sur mes terres les procédés qui me parurent susceptibles de l'application *la plus pratique et la plus économique,* pour remédier tout à la fois à ces destructions des eaux, et opérer cette riche conquête d'alluvion.

Je compris bientôt les inconvénients que je dois signaler (voir chap. 10, 11) aux autres systèmes, ainsi que le besoin absolu d'appliquer le remède sur la racine du mal, c'est-à-dire sur les terres même qui le produisent, ou du moins si près que possible au dessous, afin de combiner sur le sol en pente le double effet d'y empêcher ces agglomérations des pluies torrentielles en y amenant celles des cours d'eau provenant des terres supérieures tout en évitant sur le flanc de nos montagnes accessibles au niveau de ces arrosages les fréquentes ravines qui les détruisent.

8.   Ces premières idées, jointes à mes expériences, m'amenèrent bientôt à découvrir 1° que les terres en pente, dès qu'elles sont garnies de prairies et surtout du moment que ces prairies sont couvertes d'herbes bien touffues, sont le plus infaillible et le plus avantageux préservatif contre ces excoriations et ravines qui emportent ces terres ; 2° que ces prairies garnies de gazons bien touffus sont en même temps *le système le plus pratique,* le plus nécessaire aux récoltes et surtout le procédé *le plus productif, pour absorber ou conquérir abondamment dans ces vastes étendues spongieuses qu'offrent ces herbes, dans leurs fanes,* leurs racines, leurs détritus, dans le sol si perméable et si moelleux qu'elles forment, non *seulement les eaux pluviales, mais encore des grandes quantités de ces eaux bourbeuses que les canaux d'arrosage y amèneront à chaque forte crue des cours d'eau voisins. Ce qui constitue ainsi la double absorption ou l'épuisement presque total de nos cours d'eau.* Ainsi avec cette combinaison d'arrosages bourbeux on peut déjà comprendre que le jour n'est pas loin où ces grandes crues torrentielles, au lieu d'être comme elles sont à présent, la terreur des riverains, seront au contraire pour les lieux où on pourra conduire ces eaux, une source d'avenir et de richesses incalculables (voir chap. 5, 8, 9) que chacun désirera pour en fertiliser ses terres stériles; et le grand nombre de canaux d'irrigations que la France nécessite, peut vaincre à souhait les plus fortes inondations de nos fleuves.

3° Que ces pelouses combinées aux irrigations torrentielles

réunissent encore *d'autres avantages inappréciables en faveur de l'Agriculture, en étant le seul moyen pratique de conquérir les inépuisables charrois appelés alluvions* dont nous devons étudier et calculer la valeur pour nos terres stériles (chap. 9), valeur que les eaux y charrieront elles-mêmes à si peu de frais ! (voir chap. 7, 12, 13,) et qui sera ainsi transmise à ces vastes étendues fourrées que leur offrent les pelouses, leur détritus et leurs racines.

4° Enfin que ces procédés sont le moyen le plus productif, le plus pratique pour enrichir ou reconstituer les terres stériles ; le seul qui peut accroître énormément sur ces surfaces abandonnées le sol cultivable. Soit en un mot le *système complexe qui produira tout à la fois cette grande solution demandée par sa Majesté, plus la solution des* trois autres grands problèmes qu'il nous puisse le plus tarder de résoudre.

9. Lorsque chargé d'une enquête, par le Comice Agricole de l'arrondissement de Florac, à l'effet d'étudier les améliorations dont notre agriculture est susceptible et lui soumettre mes vues dans un rapport d'après les questions adressées en 1859, par le corps législatif aux Comices, je dûs aussi m'enquérir des causes de la détresse où se trouvent les deux versants des Cévennes, détresse qui amène les émigrations, la dépopulation de ces pays ! (voir chap. 21).

Lorsque je dûs réfléchir à ces affreuses excoriations et ravines que les eaux occasionnent au sol, ravines dont la progression croissante ne pourrait qu'arriver à la destruction complète de nos montagnes ! sur lesquelles on n'y voit déjà plus sur les trois quarts environ de ces terres à forte pente, que quelques lambeaux épars de terre végétale.

10. Lorsqu'on considère, en voyant les cours d'eau grossis à la suite des pluies, ces quantités prodigieuses de charrois, ces riches limons et autres matières si fertiles que les eaux enlèvent à la surface de ces terrains déjà si décharnés, pour ne servir qu'à être engloutis dans les mers ou à combler le lit des rivières en occasionnant parfois le long de leur cours

de si effrayants ravages aux pays où vont passer ces courants impétueux :

On se demande, saisi de douleur, pourquoi les peuples, du moins ceux qui sont déjà un peu civilisés, ont laissé exister avec une si profonde indifférence toutes ces vastes destructions sans chercher à donner aux eaux et aux terres un régime plus à leur avantage ; ou ce qui étonne le plus, sans chercher à retenir quelque partie de ce riche et inépuisable butin, qu'à tout moment ces eaux nous enlèvent ?...

11.   Nous avons déjà vu quelques raisons de notre retard et de cette fatale imprévoyance des peuples. Nous verrons de plus chap. 7, 10, 11 à 13, 17, etc, divers faux procédés des cultivateurs, qui étaient plutôt propres à faciliter les dégradations des montagnes ou à retarder nos quatre grandes solutions qu'à les pousser vers cet immense port de salut que nous découvrons dans ces simples prairies à pelouses, leur irrigations torrentielles et leurs accessoires (voir chap. 7, 16, etc.)

CHAPITRE 5.

Les alluvions ou charrois des eaux, leur immense valeur et leur volume considérés en vue de leur utilité pour la constitution de la couche végétale du sol, et sa fertilisation. Bouleversements produits par ces charrois ; voir le Nil, le Rhône, etc.

1.   Il serait nécessaire de plusieurs volumes pour décrire ou analyser les diverses espèces d'alluvion relativement aux lieux d'où elles proviennent, aux diverses époques qu'elles se produisent, à la fertilité que ces riches engrais ont procuré au sol où les eaux les ont accidentellement ou naturellement

répandues. Il serait aussi important de voir l'inépuisable nourriture que ces fumiers constituent pour les animaux des mers, afin de se fairé une idée de ce qu'ils sont susceptibles de devenir pour l'accroissement de nos végétaux et surtout en vue de la nourriture des populations ? etc.

Mais je dois me restreindre dans ce croquis à signaler quelques exemples de l'admirable fertilité que produisent généralement partout ces charrois des eaux, et à expliquer ensuite *les moyens économiques que j'ai mis en pratique* (voir chap. 8) *par lesquels il est facile d'en faire jaillir les pressantes solutions* (cha. 1) *que nous avons à résoudre.*

2.   Considérons d'abord, pour avoir une idée de la valeur et du volume de ces engrais, les précieux et quelquefois immenses dépôts que, sans l'intermédiaire du travail des hommes et souvent malgré eux, les eaux torrentielles ou les ravines ont formé sur une infinité de plaines de notre globe!

Presque partout et principalement sur le bord des cours d'eau et vers leur embouchure se trouvent des exemples innombrables de la fertilité des vastes étendues de limon qu'ont déposé naturellement ou furtivement les eaux pluviales !

3.   Si le naturaliste étudie la couche végétale d'une fertile plaine ; soit au bas des montagnes, soit dans toutes les contrées où ont pû se produire ces courants bourbeux ; s'il creuse et qu'il examine de près la nature de ces terrains, il trouvera presque partout, et souvent jusqu'à des grandes profondeurs, le produit des charrois des eaux, charrois au détriment des étendues bien plus vastes du flanc de nos montagnes, qui ont été peu à peu mises à nud (voir chap. 4 art. 9) par ces vastes excoriations des pluies torrentielles ou des ravines!

4.   Si nous examinons les fertiles contrées où ces courants bourbeux se répandent sur des vastes espaces, et là où ils sont le plus fréquents, soit les riches plaines qui bordent nos rivières et nos fleuves, ou ailleurs, par exemple, les grandes étendues des bords du Pò et ses affluents au bas des Alpes, où on coupe dans une année jusqu'à huit récoltes de fourrage !

Plus loin l'Egypte, cette remarquable vallée où le Nil dépose si régulièrement chaque année une couche plus ou moins épaisse d'alluvion qu'il porte d'environ *cinq cents lieues de distance*, engrais qui ont produit depuis tant de siècles à ce pays une fertilité très supérieure aux contrées voisines ; et qui ont comblé peu à peu, sur ce sol dont l'histoire est si digne de nos réfléxions, des monuments d'une hauteur colossale ! Remarquons en passant que les pays l'Abyssinie, la Nubie, où les pluies torrentielles recrutent ces masses presque incalculables de matières organiques et de limons, sont dévastés et mis à nud de leur couche végétale la plus précieuse ce qui en fait de pire en pire des déserts inhabitables, dont, si nous n'y portions bientôt remède, nos montagnes seraient le triste spécimen (voir chap. 4 art. 9)

Sur les bords du Gange, du Sénégal, du Mississipi, et en un mot sur toute la face du globe règnent partout plus ou moins fréquents, plus ou moins intenses ces charrois prodigieux, ces phénomènes pouvant procurer au sol la plus grande fertilité si nous utilisons ce travail gigantesque des eaux, travail qui *sera d'une valeur presque sans limites* lorsque les générations auront appris à l'employer à l'amélioration des terres et de leur revenu.

5.   Or, c'est précisément le moyen simple, économique et efficace d'accroître par ces puissants charrois, d'abord les prairies, base de nos récoltes, (voir chap. 2.) et par suite tous les autres produits du sol ; plus le moyen d'obtenir les autres grandes améliorations qui se lient à celle-là (voir chap. 21, art. 4 à 8.) et qui constituent l'ensemble des importantes découvertes dont il serait à désirer que les générations profitent.

Partout, et jusques sur les plus fortes déclivités, nous pourrons tout aussi bien qu'en Lombardie, en Egypte, au Sénégal, etc. , obtenir de cet immense travail des eaux le principe et l'agent le plus actif pour venir en aide à l'homme , pour fertiliser les terres de plus en plus et presque à souhait , jusqu'à celles les plus arides , et lui procurer comme conséquence les plus abondantes récoltes. Car puisque la fertilité des plaines, que je viens de nommer, provient de ces riches dépôts d'alluvion ou de ces féconds engrais que charrient les eaux, engrais que la France ne profite que par hasard, à peine la millième partie sur quelque plaine submersible où les inondations se répandent fortuitement ; il sera bien établi que *nous pouvons au moyen des prairies à pelouses et les accessoires d'irrigation* (chap. 7, 12, 13.) couvrir et fertiliser avec ces précieux charrois des eaux nos terres stériles dans toutes les positions ; celles en pente aussi facilement que celles en plaine, (voir chap. 14, art. 2, 3, 4.) en y constituant partout le sol végétal par des dépôts successifs de ces limons que les irrigations réglées et mesurées y porteront au profit de l'homme.

De sorte que, nos grandes améliorations (chap. 1.) seront effectuées, et notre agriculture surtout recevra de ce même travail, qui ne produisait auparavant que des terribles catastrophes, son plus fécond élément d'avenir.

6. Il est d'abord très clair que ces matières fertilisantes et ces limons sont recrutés par les pluies torrentielles, qui en lavant la surface azotée de la terre, en emportant peu à peu cette surface, principalement sur les déclivités qui se trouvent dégarnies de végétaux, qui sont piochées ou labourées, forment bientôt, depuis le sommet des montagnes jusqu'à la base, des agglomérations énormes d'alluvions, combinées avec les eaux torrentielles, eaux où se trouvent les meilleurs sucs, sels et humus des terres matières qui proviennent des dissolutions de la couche végétale et d'une infinité de gîtes où les pluies lavent et s'emparent des engrais et principes fécondants de toute espèce.

7. Car ces pluies torrentielles, en entraînant la surface azotée de la terre, emportent avec ces riches charrois dont je viens de parler, avec le lavage des villes et des hameaux. 1° Une foule de matières animalisées, résultant des excréments et des urines des animaux, de ceux des oiseaux, etc., plus d'une infinité d'insectes qui pelulent pendant l'été pour périr ensuite

en laissant sur le sol leurs excréments, leur détritus, etc. 2°
Des matières végétales feuilles et débris des herbes, des arbres
et des plantes qui tombent ou sont portés par les vents dans
cette infinité de ravins, torrents, rivières, etc. etc.; des cendres ou brûlis des bois (chap. 11, art. 19, 20.) que les pluies
emportent, des grains, fruits, etc., dont le tout est dissous
et combiné dans les eaux, mais qui est susceptible de revenir
à la végétation et y être le stimulant le plus actif des fourrages,
des grains, des fruits, etc.

3° Enfin les charrois du règne minéral, des plâtres, des
calcaires, dits carbonate de chaux, des sels de toute espèce dont
la dissolution est facilitée de même que celle des engrais ci-
dessus, par le frottement des graviers que les eaux roulent.
De sorte que les trois grands règnes de la nature se trouvent
à profusion représentés dans ces merveilleux et immenses
mélanges !

8.   Tous ces riches éléments de fertilité, combinés avec l'oxi-
gène de l'air et avec les autres sels ou matières liquides (voir
art. 12 ci-après) sont en réalité les plus faciles à obtenir et
les plus inépuisables agents de production qu'il soit donné à
l'homme de disposer.

Ainsi, il est facilement concevable que dan peu d'années,
un bon système de prévoyance, (chap. 17, 18.) joint à une
prudente distribution des eaux bourbeuses, qui amèneront elles-mêmes ces riches engrais sur le sol des prairies, procureront à l'agriculture des fumiers en abondance qui accroîtront
énormément toutes les récoltes : car en présence de ces puissantes combinaisons de la nature, tous nos fumiers de ferme
et de fabrique sont bien loin d'égaler en valeur les fumiers,
limons et autres engrais liquides des eaux à conquérir, puisqu'il est bien démontré qu'un seul de nos fleuves, (le Rhône,
par exemple) entraîne beaucoup plus des matières fertilisantes
que ce que la France fabrique de fumiers !

9.   En voici une preuve, qui a été trouvée sans qu'on pensat
alors à la portée de son résultat envers les ressources quasi

inépuisables que nous offrent ces charrois. Dans une circonstance où il n'était nullement que tion de résoudre aucun de nos
grands problèmes, lorsqu'on voulait seulement encaisser le
Rhône afin de rendre son embouchure navigable, on reconnut,
par des études d'une grande exactitude, que ce fleuve passait
devant Arles 24 *millions de mètres cubes de matières solides*,
presque une montagne, chaque année!

10. Ces charrois sont encore démontrés par les immenses
attérissements ou limons que ce fleuve a déposé vers son embouchure. Ainsi une ville qui se trouve à l'ouest : St-Gilles
qui a été port de mer (ce que des rapports attestent) et qui
l'était encore, dit-on, sous St-Louis, se trouve aujourd'hui
éloignée de la côte de plus de 15 *kilomètres* !

11. Si on rapproche de ces résultats les attérissements qu'on
voit le long de nos autres fleuves, et ailleurs, ceux du Pô, du
Danube, de l'Euphrate où on découvre des monuments d'une
si grande hauteur ensevelis dans les alluvions !

Si on considère de plus que dans les études que j'indique,
on n'a constaté à l'embouchure du Rhône qu'une faible partie
de ses charrois, attendu que des grandes quantités sont liquides ou restent le long des vallées près des montagnes, vallées
où sur certains points on découvre des ponts ensevelis et qu'il
a fallu bâtir une 2me et 3me fois sur les premiers, on peut seulement se faire une idée de l'immensité de ces charrois pour
la partie qui a trait aux matières solides.

12. Mais si on réfléchit qu'en outre de ces limons ou fumiers
dont la pesanteur spécifique opère bientôt son dépôt au fonds
des ondes, nos rivières portent encore autant et peut-être plus
de valeur d'autres matières organiques plus fines, presque in-
visibles dans les eaux ou qui les coloront très peu, humus, sels
et gommes végétales très riches qui y restent plus longtemps
en suspension et qui dérivés sur les prairies à pelouses sont
absorbés par celles-ci ou par les autres végétaux, ainsi que le
carbonne qui se trouve de plus abondamment dans la partie
solide des charrois, et dont l'affinité ou les combinaisons sti-

mulées par les eaux, constituent toute espèce d'herbes, de plantes d'arbres et de fruits.

13. Remarquons qu'entraînés dans les mers par les vagues, le flux et le reflux qui les y amènent jusqu'aux plus grandes profondeurs, ces engrais liquides et solides sont encore là démontrés par les quantités innombrables de poissons, de monstres marins ou d'animaux d'une infinité d'espèces qui sont nourris par ces charrois, prodigieux charrois par lesquels tant de matières de la plus grande fertilité sont entraînées depuis les sommités des montagnes jusqu'aux plus grandes profondeurs de l'Océan !

14. Nous pouvons donc plus que suffisamment constater que les travaux de cet élément, par les excoriations et lavages qu'il opère sur la croûte terrestre, constituent des bouleversements prodigieux qui pour la France atteignent le moins chaque année *à plus de deux cents millions de mètres cubes !* et que si depuis St-Louis on s'était seulement emparé de la moitié de la partie fécondante de ces charrois, cette conquête répandue sur nos terres permettrait actuellement à notre patrie de nourrir environ *deux fois* plus d'habitants, car ces fertiles limons et fumiers auxquels se combineraient depuis par les irrigations des pelouses la partie fécondante désignée ci-dessus art. 12, pourraient couvrir les deux tiers, au moins de notre sol , les contrées où peut atteindre le niveau des canaux bourbeux, à peu près 30 *millions d'hectares d'une couche végétale dont l'épaisseur moyenne aurait environ cinquante centimètres,* soit par le mélange du sous-sol deux fois plus que ce qu'il en faut pour rendre cette vaste étendue aussi fertile que les meilleurs jardins. Lorsque des zones toujours trop vastes de la crête des montagnes où ne peut atteindre le niveau des canaux d'arrosage, soit les rochers inaccessibles fourniraient toujours en abondance des alluvions.

15. Nous pouvons constater de plus, que la quantité de ces eaux bourbeuses sera assez abondante pour enrichir peu à peu les étendues que nous pourrons gazonner, vu que nos

ravins, nos torrents et nos fleuves en reçoivent en général, à l'époque des fortes pluies, environ cent fois plus que des eaux limpides en temps de sécheresse, et mille fois plus que ce que nous profitons de ces eaux bourbeuses par les accidents fortuits (voir chap. 12 art. 3 etc.)

Ces arrosages fertilisants peuvent donc permettre de couvrir les terres en pente de prairies à pelouses, sur au moins dix fois plus d'étendue que ce que nous y avons actuellement de prairies ordinaires, en les fécondant par ces eaux, infiniment plus que les arrosages actuels.

J'admets, qu'une fois que des vastes prairies à pelouses couvriront le flanc des montagnes, les fortes crues des cours d'eau ne seront pas si abondantes pour les arrosages des riverains inférieurs ; mais on peut s'assurer qu'il arrivera néanmoins des eaux bourbeuses suffisantes à la suite des fortes pluies pour fertiliser abondamment les espaces arrosables. Les irrigations y seront d'ailleurs plus régulières pendant toute l'année (voir chap. 9 art 10, 11.)

16. Il résulte enfin de tout ce que nous venons de voir, que c'est dans ces immenses charrois du plus vaste des éléments de notre nourriture, dans une bonne direction à lui donner, ainsi qu'aux terres (voir chap. 14, 18), que les peuples trouveront d'hors et déjà les plus grandes des conquêtes réunies aux plus puissants travaux de prévoyance, d'amélioration et de préservation pour leur bien-être futur, qu'ils puissent jamais entreprendre !

CHAPITRE 6.

Conquête des Alluvions par les prairies à pelouses, 1° pour la fertilisation et constitution du sol végétal des terres stériles ; 2° pour l'augmentation des récoltes, etc.

1. Nous avons déjà vu chap. 3, 4, que les prairies bien fourrées sont tout à la fois *la principale clef*, 1° Pour préserver le sol en pente contre les ravines, et 2° pour prévenir les inondations, d'abord en absorbant les pluies qui tombent sur le sol qu'elles occupent, plus celles qu'on peut y dériver des cours d'eau torrentiels et qui parviennent des parties plus élevées des montagnes.

Lorsque ces fourrées s'emparent en même temps dans leur tissu spongieux des riches alluvions que les eaux bourbeuses des torrents amènent.

2. Il nous reste maintenant à voir 3° comment on peut au moyen des prairies à pelouses utiliser en faveur de l'agriculture ces précieux charrois ? 4° comment nous pouvons avec ces amendements fournis et amenés par les eaux en constituer le sol végétal, soit couvrir de limons et d'engrais les terres stériles ? et 5° faire ensuite servir ces alluvions, ainsi répandues sur les prairies, à l'augmentation de toutes nos récoltes ?

3. Lorsqu'une parcelle du sol, soit en pente, soit en plaine, est garnie de pelouses bien touffues, il est clair (voir chap. 12, 13) qu'on peut y dériver des épaisses nappes courantes de ces eaux torrentielles. Ces eaux en s'infiltrant dans les gazons ou dans le sol, y déposent leur charrois et y constituent ainsi la couche végétale, cela aussi bien, ou avec plus de profit sur les fortes déclivités, que ce qu'elles l'ont constitué sur les plaines (voir chap. 5 art. 4, 5) où les débordements ont répandu les alluvions.

4. Sur le flanc des montagnes et jusques sur les plus fortes pentes (voir chap. 14, art. 4) les eaux déposent de même leur engrais, soit en s'y imbibant dans le tissu spongieux des herbes soit en s'infiltrant dans les pores de la terre, ou en s'y évaporant sur les fanes de la partie moelleuse formée par le détritus de ces fanes ; dans ce nombre incalculable de racines et de brins d'herbes vertes ou sèches, brins d'herbe sans cesse renouvelés et presque aussi nombreux et aussi multiples que ce que le sont les gouttes de pluie qui les arrosent !

Les alluvions sont ainsi répandues sur les pelouses des terres déclives, avec autant ou plus de profit que dans les plaines d'Egypte, du Sénégal, etc, plaines où les eaux demeurent quelquefois trop long-temps stagnantes (voir chap. 5, art. 4) ; car les matières fécondes dont les eaux bourbeuses sont chargées, les limons, les fumiers, l'humus, les sels, les gommes liquides de toute espèce (voir chap. 5.) s'arrêtent dans ces gazons et enrichissent si bien ces prairies, que souvent après un seul de ces arrosages torrentiels, les fanes des herbes, et surtout les racines qui ont une affinité secrète pour les matières organiques, se trouvent couvertes et enrichies par les engrais liquides et solides ; au point que dans cinq à six heures, lorsque ces eaux bourbeuses sont le plus chargées d'alluvions, on peut avoir procuré à de vastes étendues une fertilité déjà très considérable (voir chap. 7, art. 14).

5. Il résulte donc de ces arrosages bourbeux des prairies fourrées, que quelque maigres, quelque stériles, rocheuses ou graveleuses que soient les terres, sur celles-là même où aucune autre culture ne pourrait vivre, il suffit de pouvoir, au printemps, les garnir un peu de pelouses, selon les procédés de gazonnements que j'indiquerai ch. 14, et y répandre ensuite de plus en plus des eaux torrentielles pour l'amener dans peu d'années à une grande fertilité, pour y récolter d'abord des fourrages et ensuite, dès que les eaux ont déposé une couche d'alluvions assez épaisse, pour y obtenir toute espèce d'autres récoltes selon le climat. (voir chap. 14, art. 11, 12, 13).   3

6.   Il en résulte encore, que nous pouvons, par ces faciles charrois des eaux, fertiliser et conquérir les vastes étendues du sol stérile que la France possède, sous les noms de pâtis, landes, bruyères, marécages, sol graveleux, etc, (voir chap. 15) dont la surface énorme se porte à plus de 15 millions d'hectares, parmi lesquels la moitié environ se trouvent des terres à forte pente.

7.   Mais de l'abondance des fourrages recueillis sur les terres stériles, qui auparavant ne produisaient presque rien, résultera tout à la fois le surplus de revenu de ces parcelles qui peut se porter à des sommes énormes (voir chap. 9) plus, une grande augmentation de produits, sur les autres terres labourables ; puisque celles-ci pourront être affectées aux céréales et seront beaucoup mieux engraissées, attendu que les fumiers sont la conséquence des fourrages (voir chap. 2 art. 5.)

De sorte que le territoire de la France se trouvant ainsi enrichi de plus en plus, et préservé des dommages des eaux, ses produits de toute espèce, son commerce et ses industries, pourront non seulement soutenir la concurrence des états voisins en s'exonérant des fortes sommes que nous leur payons, (voir chap. 21 art. 3) mais encore fournir à de grandes exportations ; car le surplus de revenu des contrées stériles, qui pourra être en plusieurs endroits plus que décuplé par le simple travail des eaux torrentielles, à l'instar des charrois du Nil pour l'Egypte, est de nature à donner une immense impulsion à tous nos autres produits.

8.   On pourra, par exemple, cultiver des grandes quantités d'arbres à fruits sur les prairies spongieuses de ces mêmes terres stériles en pente et en plaine ainsi constituées, attendu que sur ce sol, créé si perméable et si souple par les alluvions des eaux, mélangés au détritus des pelouses d'automne, (voir chap. 13) prospèrent tout aussi bien que sur le meilleur verger, 1° le noyer, 2° le pommier, 3° le poirier, 4° le pêcher, 5° le prunier, 6° l'abricotier, 7° le cérisier, etc, etc.

9.   Le châtaigner peut aussi être toléré sur les prairies à pe-

louses dans les contrées assez chaudes où il peut produire chaque année, et là où on peut amener abondamment des eaux bourbeuses, car malgré que cet arbre absorbe plus le sol au préjudice des fourrages (voir le cas des herbes à racine pivotante, chap. 14, art. 23) qu'aucune des espèces que je viens de nommer, la fertilité des alluvions permet d'obtenir sur ces pelouses, si moelleuses et si aérées, de belles récoltes de châtaignes en même temps que des fourrages.

10. Ainsi on peut obtenir sur les mêmes terres stériles et autres, au moyen de ces riches alluvions, qui constituent avec les herbes un sol souple et perméable, qualités si éminemment propices aux racines de toute espèce de végétaux, à l'absorption des eaux torrentielles, etc, des belles récoltes de fourrage, et des fruits de toute espèce, jusques sur les pentes abruptes et décharnées, où sans ce système de cultures régénératrices, ces terres déjà sans aucun produit, seraient perdues pour toujours et ne serviraient qu'à porter leur terrible contingent aux inondations de nos cours d'eau.

CHAPITRE 7.

—

DIGUES-A-GRILLE pour le tamisage des eaux chargées de gravier, ou troisième clef pour nos quatre grandes solutions. — Coût de ces digues-à-grille. — Tamisage des graviers sur les grands cours d'eau. — Ravins et torrents. — Murailles. — Grilles, etc.

1. Lorsque les eaux torrentielles s'agglomèrent sur le flanc des montagnes à forte pente, et qu'elles creusent ces milliers de ravins et torrents, (voir chap. 4, art. 9 et 10) elles entraînent avec les alluvions des masses énormes de pierres et

de graviers, et même lorsqu'elles sont réunies sur des cours d'eau rapides, les courants roulent quelquefois des rochers d'une grande dimension; on conçoit que si on voulait dériver les torrents dans cet état, les canaux ou rigoles d'arrosage seraient bientôt comblés par les charrois pierreux et hors d'état d'amener de ces eaux sur les prairies, car les graviers ou les pierres risqueraient même, si ces conduits avaient assez de pente et de capacité, d'être entraînés par les courants sur les pelouses.

2. Ces difficultés qu'opposaient les charrois torrentiels combinés à d'autres obstacles (l'ignorance de la valeur des eaux bourbeuses, voir chap. 5, 12, le pacage, voir chap. 13) ont sans doute été les causes principales que les cultivateurs n'ont jamais su jouir des immenses avantages que peuvent leur fournir les eaux bourbeuses; et par les mêmes causes, personne n'avait cherché à combiner des moyens pour opérer le triage des alluvions et s'en emparer.

3. Pour ma part, dès que j'eus découvert la valeur de ces eaux bourbeuses (voir chap. 1, art. 5, 6) comme principe fécondant et régénérateur du sol, lorsque je vis de plus que de l'absorption de ces eaux par les pelouses découlaient non seulement une *double et jusqu'à décuple augmentation de fourrages, mais encore la solution des trois autres plus grands problèmes que nous ayons à résoudre,* je compris *qu'un moyen le plus pratique* et le moins coûteux d'opérer le triage de ces embarassants graviers, afin de les repousser le long des cours d'eau, et de n'amener avec ces eaux que la partie nécessaire au sol, *était une troisième découverte à faire* de la plus haute importance :

4. Je me dis donc, s'il a été possible de diriger les courants des eaux, pour leur faire exécuter des ouvrages très compliqués, pourquoi cette force motrice n'effectuerait-elle pas un *simple tamisage de graviers,* afin que ces eaux n'amènent que les limons et principes fertilisants susceptibles d'amender le sol ?

5. Pour arriver à ce but, je dûs essayer divers moyens de

triage en luttant au moment des fortes crues contre ces torrents impétueux, où je me voyais quelquefois plongé jusqu'à
la ceinture :

J'imaginai d'abord le procédé par lequel je donne aux canaux vers la partie de leur embouchure où je dérive les torrents, une profondeur et une largeur beaucoup plus considérables que ce que les nécessiteraient ces canaux, si les eaux
pouvaient être mesurées et sans graviers ; de manière que les
pierres et les sables en arrivant dans ces espèces de longs réservoirs s'arrêtent au fonds, ou les eaux détournées de leur
marche rapide ayant beaucoup moins de pente et moins de
force, ne peuvent entraîner les gros graviers sur les prairies ;
lorsque le canal, s'il est suffisamment large et profond, y diri-
ge toutefois les eaux avec leurs principes fécondants les fumiers, etc.

6. Ce procédé de triage, quoique je le pratique encore à
certaines positions où les courants traînent moins de graviers, ne peut toutefois remplir régulièrement les conditions
que ces nouveaux arrosages réclament, car il présente divers
inconvénients dont les plus graves sont : 1° Que si les cours
d'eau grossissent beaucoup, le fossé quoique large et profond,
se trouve bientôt rempli par ces gros graviers, et les eaux se
détournent bientôt dans leur cours ; ce qui est une grande
perte, puisque c'est précisément avec les plus fortes crues qu'on
pourrait avoir les plus riches et les plus abondants charrois.
(voir chap. 5, 12.) 2° Il faut un travail de vidage de ces conduits à la suite de chaque crue qui les a comblés. 3° Les eaux
ne peuvent être convenablement mesurées à leur entrée dans
les canaux selon la quantité que les pelouses peuvent en absorber ; car ces graviers, encombrant plus ou moins l'embouchure
des conduits, on ne peut obtenir une régularité convenable
de ces arrosages, et il faudrait être là comme j'y étais souvent avec toute la pluie pour tenir ces irrigations en état.

7. Je fus donc conduit, à la suite de divers essais, et par l'é-
tude de la marche déréglée des torrents, à essayer plusieurs

genres de grillages par lesquels j'ai eu la satisfaction d'obtenir cette régularité des arrosages torrentiels que je cherchais.

Je suis arrivé peu à peu à ce résultat, en plaçant mes *grillages dans une position horizontale, avec pente vers l'aval*, sur un double endiguement disposé à cet effet. Mes pelouses ont ainsi reçu dès ce moment toutes les crues grandes et petites avec la plus parfaite régularité, ce qui constitue un avantage pour ces irrigations de la plus haute importance !

8. Quoique ce moyen de triage soit d'une grande simplicité, le genre de grilles à employer et surtout la manière de les placer m'ont nécessité diverses expériences dont il est nécessaire que je donne le résultat : car si ces tamis sont mal placés ou mal construits, les graviers ou autres charrois risqueraient d'en obstruer les ouvertures et d'interrompre quelquefois l'irrigation ; tandis que si on les place selon les conditions les plus avantageuses, on obtient des arrosages très abondants et très réguliers pendant toute la durée des inondations.

9. Les pierres et graviers sont ainsi roulés plus bas sur le lit du cours d'eau par le trop plein qui passe sur la grille ; tandis que les canaux ou rigoles d'arrosage amènent pendant tout le temps des crues des énormes quantités de ces eaux torrentielles sur les prairies.

De sorte que *du moment que cette simple combinaison de prairies à pelouses, digues-à-grille, canaux d'arrosage, etc.*, seront généralement pratiqués *sur le flanc des montagnes, nos quatre grandes améliorations seront toutes à la fois résolues par ces simples et productifs travaux :* Car nos terres en pente stériles et autres, celles qui forment les inondations, seront peu à peu régénérées par ces charrois combinés au détritus des pelouses dont la combinaison produira sous peu des fourrages et d'autres récoltes très abondantes. Ces pelouses préserveront en même temps ces terres des ravines et il en résultera des avantages de toute part.

10. Voici donc les espèces de digues-à-grille qu'à la suite de mes expériences j'ai reconnu être les *plus avantageuses, autant*

sous le point de vue économique par le peu de frais qu'elles coûtent que par la facilité de leur application pratique, par la régularité des arrosages torrentiels , etc.

Je construis d'abord en travers de toute la largeur des cours d'eau une digue A. B. (voir à la fin de cet écrit planche 1 et figure 1). Cette digue est plus ou moins élevée selon la hauteur où on veut conduire les eaux, afin de pouvoir établir un canal D. ou un fossé suffisamment large et profond sur le derrière de la digue.

11. Un grillage E. F. G. H. est placé sur le fossé qui forme l'embouchure du canal D. Cette grille est fixée vers l'aval dans la bâtisse de la digue et vers l'amont à une deuxième muraille ou deuxième digue moins forte qui limite de ce côté le canal D. en y laissant pénétrer l'infiltration qui a lieu en travers les graviers.

Des espèces de murailles en bois ou en pierres semblables à des parapets I. J.—I. J. conduisent les eaux sur la grille.

12. Le placement de ces grilles est l'opération qui nécessite le plus d'intelligence. J'avais auparavant expérimenté plusieurs dispositions telles que de placer mes grilles verticales ou obliques dans divers sens, tantôt en attachant ces tamis en guise d'écluse au mur qui limite le cours d'eau, tantôt en les posant inclinés contre ce mur : Mais dans tous ces cas je me suis assuré que sur les positions où les courants ne passent pas rapides contre ces grillages, les graviers ou des débris végétaux les obstruent et l'irrigation ne peut fonctionner avec assez de régularité.

Je dûs donc enfin arriver à placer mes grillages selon *une position horizontale ,* avec une pente dans la direction de celle du sol, pente un peu supérieure à celle du lit du cours d'eau : cette déclivité est nécessaire afin que les eaux puissent en passant avec leur charrois plus rapidement sur la face unie de ces tamis y balayer jusqu'à l'aval les pierres, graviers et débris végétaux qui pourraient s'y interposer.(voir chap. 12, art. 19 le moyen de dégager ces grillages.)

Il est aussi nécessaire que les barreaux soient construits de manière qu'en étant fixés de champ l'un contre l'autre, les ouvertures de ces grilles soient plus larges au dessous, afin que les sables ne puissent s'y engager.

13.   Au moyen de ces dispositions les eaux torrentielles en arrivant sur ces tamis plongent au dessous, à travers les barreaux ou autres ouvertures, et se réunissent dans le fossé qui alimente le canal D, canal où il est facile de faire pénétrer les eaux en quantité mesurée puisqu'on peut toujours donner à ces tamis l'étendue et les ouvertures selon la proportion du sol irrigable. (voir ci-après art. 18.)

Par ces moyens de la plus grande simplicité, les eaux torrentielles se dirigent régulièrement sur les prairies après avoir laissé leur charrois pierreux le long des torrents et en portant dans les pelouses le précieux butin qu'elles viennent de ramasser sur les terres en pente, (voir chap. 5.) sans que les canaux en soient obstrués ou dégradés au préjudice des arrosages ultérieurs.

14.   COUT DES DIGUES-A-GRILLE. Cependant, ce système de digues-à-grille est si avantageux et si facile à établir que j'en ai construit, tous frais compris, pour moins de *cinq francs* de dépense. Dans ce cas, je construis les grillages en bois, d'une des espèces qui résistent le mieux aux diverses températures, telles que le chêne, le châtaigner, l'accacia, le mûrier, le frêne, etc. Ces sortes de tamis placés entre des rangées de pierres clavées entr'elles, la plus solide vers l'aval, plus autres deux rangées formant le parapet I. J. fig. 1, peuvent néanmoins fonctionner sans frais de réparation environ vingt ans ; et une surface d'un mètre carré, la moitié percée, et l'autre moitié occupée par les barreaux, peut fournir des eaux torrentielles pendant les fortes crues une moyenne de *huit cents mètres cubes par heure*. Ainsi en fonctionnant seulement une heure, si les 800 mètres de ces eaux bourbeuses sont bien repartis sur une étendue suffisante de pelouses, les limons ou matières fertilisantes qu'auront déposé les eaux sur le sol,

vaudront plusieurs fois les frais qu'aura coûté l'établissement de cette digue-à-grille ! Combien de fois serait donc payée pour le propriétaire une telle réparation dans le cours de l'année ? et ensuite pendant le temps où peut atteindre sa durée. ?

15. Chacun comprendra que la force de nos divers cours d'eau, leur pente et leurs charrois, étant très variables, il faut aussi que les constructions varient, autant pour la solidité des digues que pour celle des grillages, pour la solidité des matériaux, pour les soins de leur construction, pour la pente de ces tamis, etc.

16. A certains torrents qui roulent de grosses pierres, il faut des grillages en fer ; il faut que les digues et tout le système soient fortement consolidés par de fortes pierres bien clavées, soit par des pièces en bois ou en fer. Sur d'autres cours d'eau, et à des positions moins exposées, on peut employer des grilles en fonte. Enfin sur les petits torrents ou ravins, des plaques percées, des grillages en fil de fer, ou des simples barreaux en bois peuvent suffire.

17. DIGUES-À-GRILLE POUR DÉRIVER LES GRANDS COURS D'EAU. Pour adapter les grillages sur les cours d'eau qui ont une force considérable, il se présente deux cas, celui où les digues doivent traverser les rivières, et le cas où on est obligé de puiser sur le bord sans digues en travers.

18. Dans le premier cas, si les digues ont beaucoup de longueur, ce n'est que vers le côté où on veut dériver les eaux qu'il convient d'établir les grilles, sur un canal D. fig. 2, avec une ouverture proportionnée à la quantité d'eau qu'il s'agit de dériver. Cette ouverture doit être calculée selon la dimension ou l'étendue totale des ouvertures des grilles ; de manière qu'on ait à peu près un mètre carré d'ouverture pour deux hectares de prairies à pelouses ; cela pour les cours d'eau qui charrient beaucoup, et pour les positions où les grilles et le sol à arroser ont en moyenne de 15 à 20 °|o de pente. Et seulement la même ouverture, pour 4 hectares si les eaux charrient moins, si la pente des torrents n'est que la moitié. L'é-

tendue des ouvertures doit encore diminuer lorsqu'il s'agit
des irrigations dont les eaux sont abondantes de bonnes parties de l'année ; car les prairies déjà imbibées n'infiltrent pas
autant de ces eaux bourbeuses que celles qui ne sont arrosées
qu'à l'époque des fortes crues. (voir chap. 12, art 12.) Je dois
observer qu'on a toujours la faculté d'augmenter ou diminuer
les ouvertures au moyen de quelque partie de grille ou écluse
mobile, ce qui est très utile pour répandre plus ou moins des
eaux, selon les saisons, selon l'épaisseur ou la hauteur des pelouses, etc., etc. Des écluses à déverser les eaux sur le cours
des canaux sont aussi nécessaires lorsqu'il s'agit de faire vider
les limons déposés dans les conduits.

19.   Un espèce de parapet en bois ou en pierre L. M. fig. 2 ,
doit garantir la sortie du canal contre les fortes crues des torrents qui risqueraient de s'y détourner ou de le dégrader.

20.   Dans les cas où les fleuves ont toujours une hautenr d'eau
suffisante , une partie des grillages peut être placée oblique-
ment et même verticalement contre le parapet ; il suffit que la
surface de ces grilles soit constamment frottée ou déblayée
par le courant, et qu'elles soient suffisamment couvertes.

21.   Si on ne doit placer ces tamis que sur une ou deux positions sur les deux côtés des rivières soit en O. et en P. fig. 2,
on peut attirer les basses eaux sur les grilles en exhaussant
davantage les digues sur le milieu.

22.   GRILLAGES ÉTABLIS EN FORME DE TROMPE. Dans les
cas où les canaux doivent puiser à des rivières ou à des fleuves sur lesquels les endiguements ne peuvent être pratiqués
par cause de la navigation ou par tout autre motif, il est toujours convenable d'y opérer le tamisage des graviers.

23.   Pour celà , il faut disposer l'entrée du canal sur le bord
du fleuve en guise de trompe, au moyen d'une tranchée sur le
côté vers lequel on veut diriger l'acqueduc ; cette tranchée
doit être murée et voûtée aux positions où elle risque d'être
comblée ou dégradée par les grosses eaux. Les voûtes doivent
être assez élevées , et on doit y ménager des ouvertures fer-

mées par des grillages qu'on puisse détacher pour vider les canaux selon le besoin.

24. Les fondations des murailles ou voûtes qui avancent dans les fleuves doivent être établies solidement sur le rocher ou sur pilotis, de la même manière que les fondements d'une culée de pont ; et une série de grilles ou tamis proportionnés à la quantité d'eau qu'il s'agit de dériver ferment les ouvertures. C'est-à-dire que ces tamis sont placés sur des embrasures ménagées aux positions convenables, sur la face vers l'avant, au dessus et même vers l'aval, où c'est nécessaire, sur l'extrémité de l'acqueduc dont le fond doit être de niveau, ou un peu plus creux que la partie du lit du fleuve correspondante ; cela afin de pouvoir le dériver pendant les basses et les grosses eaux.

25. Les murailles de cette partie des canaux qui avancent dans les fleuves doivent prendre la forme sphéroïde voûtée, bien clavée et consolidée autour des grilles et sur les arêtes extérieures par de fortes pièces en fer ou en bois, de manière que tout le système soit inattaquable par les fortes crues, qui doivent passer dessus sans rien endommager. Au moyen de ces précautions on peut obtenir des irrigations très régulières et très abondantes (voir ch. 12) presque sans frais d'entretien.

26. RAVINS ET TORRENTS SE DIRIGEANT SUR LES CANAUX ET SUR LES PRAIRIES. Lorsque des torrents ou ravins vont aboutir soit sur les prairies, soit sur le passage des acqueducs, les pierres et les graviers qu'ils entraînent se déversent sur les prés et remplissent accidentellement les canaux, ce qui interrompt les arrosages. Ces graviers sont donc encore dans ce cas un obstacle qu'il faut vaincre, parce qu'une fois comblés, les acqueducs restent de longs intervalles hors d'état, intervalles pendant lesquels les prairies seraient fertilisées, d'abord par les eaux que les béals vont puiser plus loin, et même par celles des torrents qui les encombrent de graviers.

On doit, dans ce cas, réunir ces torrents et ravins ensemble aux positions qui conviennent le mieux et les faire tamiser sur des grillages tels que je les ai décrits art. 10 à 12 de ce chapitre. Soit les ravins B. C. D. E. figure 3 qu'on peut réunir et faire passer sur une grille au point A.

Par ce moyen, les eaux de ces torrents sont répandues sur les pelouses lors des irruptions torrentielles, et y amènent toujours leurs limons sans remplir les canaux de graviers, ou interrompre l'irrigation principale dont le maximum de force n'a ordinairement lieu qu'après la crue de ces torrents, attendu que les eaux qui viennent de près arrivent les premières, tandis que celles qui viennent de loin ne se rendent que plus tard aux prairies et proportionnellement à la distance qu'elles ont à parcourir (voir chap. 8 art. 10).

27. MURAILLES-GRILLES. Lorsque le sol à convertir en prairies à pelouses renferme beaucoup de pierres, et si la déclivité des terres dépasse 15 °/₀, on doit bâtir les pierres en travers des torrents ou des ravins où elles produisent l'effet d'un grillage et y retiennent le charrois des eaux, car lorsqu'arrivent les grandes crues, ces murailles bâties sans mortier laissent une infinité de petites ouvertures où la partie liquide de ces courants peut passer, mais les gros sables sont retenus par ces murailles.

28. Les cours d'eau se tamisent donc, et sont ramassés dès leur sortie par les béals d'arrosage qui les amènent dans les pelouses des prairies.

Dans le cas où on a beaucoup de pierres à débarrasser, ces murailles en travers des torrents y sont d'une double utilité ; car les graviers qu'elles retiennent peuvent y nourrir des arbres, tels que noyers, pommiers, poiriers, pruniers, mûriers, etc. (voir chap. 9 art. 13.)

29. Tous ces moyens de triage des graviers, et en première ligne les digues-à-grille (*) sont des procédés indispensables sur une infinité de torrents pour assurer la continuité des irrigations pendant les fortes crues ; ce qui rend cette troisième innovation de la plus grande utilité.

(*) Je décrirai un engin très simple, chap. 12, art. 19, que j'emploie pour dégorger les grillages des objets qui pourraient les obstruer.

CHAPITRE 8.

—

Avantages que j'ai obtenu par la pratique sur le sol que je possède. Résultats art. 12 à 16. — Certificat. — Inspection, moyens d'apprécier mes procédés, art. 23, etc.

1. J'ai déjà dit chap. 5, comment la nature avait indiqué aux hommes depuis tant de siècles, en répandant des alluvions sur quelques plaines privilégiées, telles que l'Egypte, les intarissables richesses que les eaux charrient dans les mers ! Nous avons vu encore chap. 2, 3, 6, 7, ce que la prévoyance humaine doit faire pour conquérir à son profit ces fortunes immenses, ces inépuisables alluvions qui constituent un si puissant et si efficace moyen d'augmenter nos récoltes ! Et nous examinerons, chap. 16 et suivants comment les propriétaires et l'Etat doivent agir pour généraliser et multiplier en peu d'années ces procédés, d'abord sur environ 10 à 12 millions d'hectares sur à peu près le cinquième de l'étendue de la France; ensuite jusques sur les 3|4 de son étendue en commençant par les terres les plus stériles et surtout sur celles à forte pente; vu que c'est sur ces terres que nous obtenons de plus, et tout à la fois, avec la base des récoltes, le grand résultat d'y empêcher les destructions des ravines, et celui d'y tarir la source des inondations !...

2. Voici, considéré au point de vue de ces grands problèmes, ce que j'ai obtenu au moyen de cette conquête d'alluvion, conquête exécutée par la pratique de mes arrosages torrentiels, pelouses, digues-à-grille, canaux, etc: D'abord à ma propriété, où j'ai bâti la demeure en 1849 et nommée le Vivier, propriété située près Cassagnas, à 15 *kilom.* Est, un quart sud de Florac, sur la nouvelle route projetée entre cette ville et Alais, sur le

bord de la Mimente, et sur le flanc occidental de la chaîne des Cévennes.

3. Là, une parcelle appelée les *Sieyres*, qui n'était avant 1853 que des lambeaux arides, ou presque toute dépouillée de la couche végétale, qui avait été emportée par les ravines torrentielles (voir chap. 4 art. 9) ravines qui comme sur les terres environnantes avaient réduit le sol à l'état de gravier, au point que ces terres ne produisaient que quelques rares broussailles entrecoupées par des profonds ravins et torrents pierreux sur une pente qui atteint à plus de trente o|o et qui vu son aridité était impropre à toute autre culture.

4. J'ai depuis ces 7 à 8 ans mis en prairies à pelouses, en unissant le sol à la pioche, selon les procédés (voir chap. 14) trois et demie hectares de la contenance de cette parcelle, et seulement les parties susceptibles d'être arrosées par les eaux bourbeuses.

5. Cette pièce, dont l'entière étendue est de 5 hectares, ne rapportait en son entier que trois francs de rente par an comme vaine pâture.

Aujourd'hui seulement deux hectares qui ont pu recevoir depuis leur régénération en pelouses 7 à 8 arrosages torrentiels me produisent environ 2,400 *kilogrammes* de fourrage par hectare, avec une augmentation de ce produit proportionnée à la quantité de ces eaux bourbeuses que les pelouses ont reçu.

6. Il est donc bien visible *par ce seul résultat,* mieux justifié au Vivier par d'autres encore plus frappants, que si les peuples généralisent ces procédés d'irrigations torrentielles, ils pourront amener peu à peu les vastes étendues excoriées que présentent le flanc de nos montagnes au plus haut maximum de force productive, jusqu'à y constituer la couche végétale sur les parcelles les plus stériles où rien ne pourrait vivre! Ces procédés sont donc cette solution connexe des quatre grands problèmes énoncés chap. 1, *problèmes qu'aucune autre combinaison ne pourrait jamais résoudre* puisqu'il est

clair que nul autre agent connu, ne présentera jamais autant
de puissance productive, ni aucune fourrée ne pourra jamais
garnir plus avantageusement les terres en pente (voir chap.
10, 11) ni conquérir sur ces terres désolées de si féconds, de
si volumineux amendements, vu que les eaux contribuent le
plus à la vie de tout ce qui existe, et sont par leurs voyages
et par leurs charrois, le principe le plus inépuisable que la
nature ait donné à l'homme.

7.   J'ai depuis employé cet agent, encore avec plus de succès,
à constituer la couche végétale de diverses autres parcelles
au Vivier, dont il me serait trop long d'en faire le détail. Je
dirai seulement que ces terres ont suivi à peu près, et même
certaines parties avec plus de profit que la première , cette
régénération. Parmi celles-ci, j'ai des anciens prés, et des
graviers attenants qui étaient tout à fait arides, et que j'ai
par les eaux bourbeuses d'un ruisseau appelé le Poumas, régénérées à neuf ou fertilisées, au point qu'en place d'une seule
et chétive coupe que les parties gazonnées produisaient, j'y en
obtiens deux dont le produit est au moins quatre fois plus
considérable que ce qu'il était !

Les arbres fruitiers prennent aussi dans ces pelouses que
les alluvions constituent si perméables et si souples (voir chap.
6 art. 4, etc,) une grande force de végétation avec de beaux
produits, là où rien n'aurait pu vivre à cause de l'aridité du
sol.

8.   J'ai de plus régénéré des anciens prés qu'une fausse direction des arrosages (voir cha. 12) et la destruction des herbes
(voir chap. 13) avaient fait abandonner à une routine absurde. Tandis que par les irrigations torrentielles et accessoires
j'y obtins deux coupes des plus belles qui ont au moins dix
fois plus de valeur que la chétive pâture qu'on voit encore
sur les parcelles qui entourent celle que j'ai rétablie.

J'ai gazonné aussi sur des graviers tout à fait stériles et
jusques sur des rochers presque tous découverts, où sur cer-
tains endroits la pente énorme atteint à 80 o|°. Et sur ces

rochers à pente excessive comme sur les graviers arides, j'y obtiens, petit à petit par les alluvions retenues par les fanes et
par les racines des herbes, une couche de limons, ou terre
végétale des plus fertiles, couche qui produit de plus en plus
et en raison du nombre des arrosages ou du volume des alluvions déposés, celà sans autre fumier que celui que charrient les eaux bourbeuses.

9. Je suis toutefois encore loin d'avoir fertilisé mes prairies
aussi abondamment que ce système progressif pourra par la
suite les enrichir ; d'abord, parce que sur la plupart il n'y a
pas encore assez de temps qu'elles sont sous ce régime régénérateur, régime qui nécessite pour donner aux terres leur
maximun de fertilité, que l'épaisseur des alluvions soit considérable, quoiqu'une mince couche d'un demi centimètre mê-
lée avec le sous sol donne déjà un bon résultat.

Mais en France les inondations sont très irrégulières, et
d'après ce régime le cultivateur ne les trouvera jamais assez
nombreuses. Je n'ai constaté sur les Cévennes, ces trois dernières années, 1858-59 et 60 que 12 crues considérables, tandis
que 1856-57 en avaient donné le même nombre ; heureusement
ces crues viennent toutes au moment que les prés sont garnis
de ces pelousses (chap. 13) destinées à absorber les eaux et
leur alluvion, et il est très rare d'avoir ces débordements en
été lorsque les prés se trouvent rasés par la faux.

10. D'après ce qui précède, chacun comprend déjà qu'on a
plus de facilité de fertiliser le sol là où on peut puiser à des
rivières ou à des fleuves que sur les torrents, tels que ceux
dont je dispose ; car il est visible que ces arrosages bourbeux
ne durent qu'en proportion de la longueur des cours d'eau.
Or, les miens venant presque tous de très près, ont plutôt
débité leur crue que les rivières qui chargent sur une infinité de positions loin, près, et intermédiaire. Ainsi les eaux de
nos Cévennes se dirigeant sur la Loire, mettent 4 ou 5 jours
pour arriver à la mer, tandis que celles qui tombent près de
Nantes y sont presque immédiatement. C'est ce qui explique

pourquoi nos cours d'eau à longue distance restent quelquefois plus d'un mois bourbeux ; pourquoi le Nil ou le Sénégal restent troubles jusqu'à cinq mois.

11. Je dois toutefois observer que dans les positions où les eaux torrentielles sont de courte durée, elles sont relativement plus chargées d'alluvion, et qu'il suffit d'être assez prévoyant pour s'en emparer lors des irruptions pour fertiliser abondamment les prairies, car tous les cours d'eau grands et petits portent comme les simples ravins ou torrents dont je dispose l'avenir de nos récoltes.

12. Les résultats que j'ai signalé ci-dessus et l'ensemble de ma propriété en sont un exemple ; car malgré que mes prairies soient à des positions des moins avantageuses pour des bons arrosages bourbeux, quoique je n'aie des eaux sur la plupart de mes prés que 4 ou 5 fois par année, j'ai obtenu avec des dépenses relativement très petites (j'ai dépensé gazonnements et tout compris une moyenne de cent quatre vingt francs par hectare) sur le sol que je soumets depuis environ six ans à ce régime, huit fois plus de fourrages ; puisque comme l'indique le tableau parcellaire ci annexé *de quatre mille kilogrammes qu'on* en récoltait auparavant, *je suis déjà arrivé à 32 mille dont plus de la* moitié à des prairies que j'ai établi sur des terres stériles.

VOICI LE TABLEAU DE CETTE AUGMENTATION PAR PARCELLES.

NOM DES PARCELLES ET DÉTAIL.	Pente du sol.	Contenance arrosable par les eaux torrentielles.	Fourrages que ces espaces produisaient avant leur irrigation.	Fourages que ces espaces produisent actuellement.
		mèt. carr.	kilog.	kilog.
L'Espinassieyre n'avait en pré que le tiers.	18 °/o	6000	200	1800
La Redonnelle, pré même étendue qu'aprésent	15 °/o	5000	400	1200
Les Moulasses, pré agrandi d'un demi en sus.	28 °/o	5000	250	1400
Le Poumasset, pré agrandi des 2|3 sur des rochers décharnés.	80 °/o	4500	250	1800
Les Agrévols, pré agrandi d'un tiers sur graviers stériles . . .	50 °/o et 10 °/o	41000	2900	14000
Les Pradasses, pâture ancien pré régénéré	25 °/o	4000	«	1800
La rive et sous jardin mis en pré.	30 °/o	1500	«	1200
Les Sieyres, terres arides, excoriées, graveleuses, mises en pré.	30 °/o et 10 °/o	40,000	«	9000
		107,000	4,000	32,200

13. ¡Ces 10 hectares 70 ares sont encore susceptibles, sans agrandir l'étendue, et seulement par la continuation et le perfectionnement de ces arrosages bourbeux, d'atteindre une bien plus grande fertilité, et jusqu'à produire environ 60 mille *kilog* de fourrage dans 8 à 10 ans de plus, tout en nourrissant sur la plupart de ces parcelles beaucoup d'arbres à fruits.

14. On peut se figurer, par les résultats déjà obtenus dont chacun pourra vérifier l'exactitude et le détail au Vivier, à quel point pourra s'accroître la fortune territoriale de la France, vu le volume immense de ces eaux bourbeuses et d'alluvion que nous pouvons si facilement dévier et répandre sur nos terres stériles en pente et en plaine.

Car le niveau d'environ neuf cents mille courants torrentiels et de nos neuf mille rivières ou fleuves peut atteindre aux deux tiers environ de nos terres en pente, pour aller, au moyen d'un nombre encore plus grand de canaux et rigoles d'irrigation, déposer leur précieux charrois sur les pelouses.

15. Ainsi, il est facile de calculer qu'une simple répétition sur l'étendue de la France (bien entendu sur les terres à forte pente) *d'un demi million de fois dix hectares, fécondés et truités de la même* manière que les miens au Vivier, donneront une étendue plus que suffisante *pour voir se réaliser déjà une magnifique solution de ces grands problèmes susceptibles de produire à notre patrie un si haut degré de prospérité !* (voir chap. 9).

16. Après nos terribles inondations de 1856 et à la vue de la lettre de Sa Majesté dont je cite un fragment chap. 4, art. 5, je voulus aviser *notre Empereur ou son Ministre* de l'Agriculture et T. P. de ma découverte de ce système complexe de rémédier tout à la fois aux inondations et obtenir du même coup la base de l'Agriculture, la préservation du sol en pente, la conquête des alluvions, etc.

17. Mais trop peu versé dans l'art d'écrire et absorbé par ces travaux que je connaissais seulement par la pratique sans avoir

pénétré en théorie ni en calcul les diverses ramifications et les immenses avantages qui peuvent en résulter pour les populations :

18. Je ne pouvais donc, dans une courte lettre, que donner une idée très vague de ce genre de travaux qui, malgré leur grande simplicité, nécessitent (si on n'a pas l'avantage de les étudier en pratique) des descriptions très étendues pour expliquer d'abord la base qu'ils constituent de tous les produits du sol, leur facilité de retenir à leur profit les inondations et les terres en pente, (chap. 2, 10, 11), leur liaison avec les moyens d'échange et la place des cultures (chap. 18); la conservation et l'irrigation des pelouses; (voir chap, 12, 13) le triage des graviers (chap. 7,) etc, etc.

19. Je joignis seulement à cette missive une attestation de M. le Président du Comice Agricole de l'arrondissement de Florac, qui avait visité une partie en voie d'exécution de mes arrosages torrentiels.

Voici cette attestation :

« Nous soussigné, ayant parcouru le terrain nouvellement
« mis en culture par M. Bargné, sur un tenant appelé les
« Sièyres d'une contenance de plus de trois hectares, nous
« avons hautement approuvé le procédé de gazonnement et
« d'irrigation qu'il a pratiqué sur ces terrains où la pente est
« d'environ 30 %. Ayant fait lever le plan de ce terrain
« et vérifié les actes d'achat, nous avons trouvé sa valeur au
« moins centuplée; aussi nous avons engagé M. Bargné à per-
« sévérer dans ce genre de culture, pensant que son exemple
« peut devenir très utile dans ces lieux où les prairies sont la
« principale richesse des habitants, et surtout pour éviter la
« destruction des terres par les eaux pluviales, ce qui peut
« ainsi diminuer insensiblement les crues extraordinaires des
« rivières, puisqu'au moyen de ces gazonnements et arrosa-
« ges les ravins sont comblés, et les eaux sont infiltrées dans
« ces prairies.

       « Fait à Florac, le 16 juin 1856.

« *Signé :* MATTHIEU , Juge et Président du Comice Agricole
de l'arrondissement de Florac. «

20. Et le 11 octobre 1857 je reçus la visite de M. l'Ingénieur
en chef du département de la Lozère.

Ne m'attendant pas alors à cette visite, je n'avais, dis-je,
ellaboré mes procédés qu'en les étudiant par la pratique, où
je découvrais de plus en plus quelques nouveaux avantages.
Mais trop absorbé par les soins de mes nouvelles prairies et
par la direction de ma fabrique de produits chymiques, il
ne me restait aucune facilité de me livrer à un écrit que je
jugeai indispensable pour développer des combinaisons dont
j'entrevoyais seulement quelque partie de l'immense portée.

21. Il ne m'était donc pas possible même d'en démontrer
seulement les avantages au point de vue de la base de l'Agriculture, puisqu'en octobre les récoltes dites regains venaient
d'être enfermées, tandis que c'est en avril, mai, ou dans la
première quinzaine de juin, qu'on peut le mieux juger de ce
surplus de fourrage, que je signale ci-dessus, et par conséquent de la portée de ce résultat envers l'extension de *cette
conquête d'engrais,* (chap. 5) *qui avec les prairies constituent la
base* (chap. 2) *de nos plus importantes améliorations.*

22. De sorte qu'il aurait fallu à toute personne qui n'a pas
étudié par avance des procédés auxquels il faut un temps
considérable avant que les résultats se produisent d'une manière de plus en plus frappante, que cette personne, dis-je,
fut à portée de vérifier aux époques convenables, notamment :

23. 1° La manière dont mes irrigations torrentielles fonction-
nent par mes digues à grille et autrement? 2° La régularité et
l'abondance de ces eaux bourbeuses que ces grillages procurent aux prairies à pelouses au moment des fortes crues,
comparativement aux usages de l'ancienne routine qui con-
sistait plutôt à repousser ces eaux, (voir chap. 12) qu'à les
absorber?

2° Examiner les avantages de cette double absorption des

prairies fourrées lorsqu'elles imbibent 1° les eaux pluviales ? 2° celles des cours d'eau qu'on y répand ? comparativement aux autres terres et autres prairies rasées et durcies par le piétinement des bestiaux (voir chap. 13) où les eaux glissent sans s'y arrêter ?

3° Voir à côté de ses prairies si perméables comment se forment les inondations sur ces terres excoriées que les eaux emportent à chaque forte pluie ?

4° Étudier dans les pelouses les dépôts formés par les charrois bourbeux ? (voir chap. 5) voir comment ces alluvions ont ainsi deux chemins si opposés à prendre, 1° celui d'aller exercer des ravages le long des vallées, et se perdre ensuite dans les mers ? 2° ou être amenées avec les eaux dans les pelouses des prairies pour les fertiliser en y constituant une couche végétale souple et féconde pour y infiltrer ensuite avec d'autant plus de force les inondations ?

24. 5° Voir comment il est facile, avec ce système régénérateur, de constituer peu à peu le sol végétal sur des terres *stériles, graveleuses, rocheuses, où sans ces charrois des eaux on ne pourrait jamais s'attendre d'y voir prospérer aucune récolte ?*

6° Il aurait fallu ensuite examiner, au printemps, le résultat des dépôts de ces eaux, combinés au détritus des pelouses, lorsque les fourrages se constituent en sortant de ces gazons moelleux, *comparativement aux prairies qui ont les mêmes facultés de sol et d'arrosages,* mais où on n'emploie pas ces moyens régénérateurs ?

7° Voir pour *le pacage,* en outre de la destruction des bonnes herbes, (voir chap. 13) les dégradations du piétinement des bestiaux ? combien se pacage s'oppose par la destruction des pelouses à la perméabilité du sol, à l'absorption de ces eaux bourbeuses et par corollaire au rapport et à l'extension des prairies sur les terres qui ne sont pas assez riches pour produire étant ainsi maltraitées, etc.

25. Enfin, une foule de ces détails rustiques, dont la trop grande simplicité a empêché à l'homme de bureau de cher-

cher dans des objets tels que des brins d'herbe ou leur arrosage par les eaux troubles, des solutions qu'on poursuit plutôt par des études ardues, par des ouvrages gigantesques, tandis que ces grandes solutions ont quelquefois leur gîte dans les objets les plus simples.

Et c'est sans doute ici une des causes, peut-être la principale, que nos quatre grands problèmes, qui semblaient si scabreux, (voir chap. 11) ont occasionné pendant tant de siècles de si grands maux aux peuples ! Parce que les cultivateurs, qui seuls étaient placés aux conditions où on peut sonder petit à petit les avantages et la portée de ces travaux, ont été aussi seuls à portée d'en apprécier les immenses avantages.

Mais pour saisir la connexité qui existe entre les irrigations des pelouses, les ravines sur les terres en pente, le débordement de nos cours d'eau, leur rapport avec toutes nos cultures, etc. il fallait un concours de circonstances, et des recherches nombreuses. Ce doit donc être là une cause majeure de cet affligeant retard où nous voyons le régime de nos eaux et de nos terres.

26. Ne pouvant non plus moi-même présenter l'ensemble et la liaison de ces divers tableaux, dont je ne connaissais pas encore toutes les particularités, il m'était impossible, dans un moment si court et surtout imprévu, de faire apprécier de vive voix à cet agent supérieur, tous les effets utiles et pratiques résultant de mes procédés.

27. Néanmoins M. Lonjon, après l'inspection des terres arides à forte pente que j'ai couvertes en nouvelles prairies, des ravins et torrents comblés et gazonnés ayant la propriété incontestable d'absorber les eaux torrentielles au lieu d'en produire, quoiqu'il ne pût pas plus que moi comprendre de sitôt l'énorme portée de cette différence envers nos quatre grandes solutions, voulut bien manifester sa satisfaction de mes nouveaux procédés, en assurant notamment à M. Matlhieu, signataire du certificat ci-dessus, qu'il allait pro-

poser en ma faveur un encouragement honorable, après m'avoir aussi laissé des paroles très satisfaisantes.

28. Quoique je n'aie reçu aucune autre nouvelle de cette promesse, cette inspection me fit toutefois comprendre combien la visite de cet ingénieur en chef aurait pû devenir favorable à tant de peuples qui se voient exposés à des souffrances de tout genre faute de l'exécution de ces travaux de prévoyance, vu qu'un plus ample informé aurait pu amener du moins l'expérimentation de mon système, si j'avais eu l'avantage d'un écrit pour me faire comprendre.

29. J'ai voulu, sans cesser depuis lors, hâter l'exécution de cet écrit et l'entourer de tous les détails qui peuvent concourir à bien démontrer ce que j'affirme, mais si je n'ai pû, absorbé par les travaux que la pratique de mes procédés exigeaient, ni le rédiger, ni lui donner tout le développement qu'un si vaste sujet comporte, j'ai du moins ajouté depuis par l'extension de mes pelouses, le perfectionnement de leurs arrosages, etc. des nouvelles et nombreuses preuves, qu'il suffira de vérifier en temps et lieu pour se convaincre de leur efficacité pour la solution de nos quatre grands problèmes.

30. J'ai aussi, du moment que j'ai pû mettre mon manuscrit sous-presse, divulgué mes procédés à mes amis qui sont déjà à l'œuvre et qui ne tarderont pas d'ajouter des nouveaux résultats à ceux que je signale ; car il n'y a pas pour eux plus que pour moi le moindre doute que chaque riverain du moindre cours d'eau, n'y trouve de puissants et économiques moyens d'améliorer profondément ses récoltes.

CHAPITRE 9.

Somme de richesses dont le sol de la France est susceptible de grandir en y multipliant les prairies à pelouses, les arrosages torrentiels etc. — Autres avantages en sus de nos quatre grandes solutions.

1. Quelques chiffres donneront une idée des immenses résultats que la France peut obtenir par la culture la plus simple, la plus économique et la plus nécessaire, surtout pour les terres en pente qui sont sujettes aux ravines, et ensuite partout où le sol est stérile.

L'Empire Français s'étend, sans y comprendre les pays *qu'il vient si glorieusement de recevoir d'un allié magnanime,* sur environ 52 millions d'hectares; dont seulement trois et demi millions sont en prairie.

Cependant, si nos terres étaient cultivées selon les méthodes reconnues aujourd'hui et adoptées comme les plus avantageuses, l'ensemble du sol cultivable aurait au moins *le tiers* de son étendue en prairies ; ce qui, en déduisant les rochers tout-à-fait dépouillés par les ravines, les espaces inaccessibles aux irrigations, les crêtes des montagnes, l'emplacement occupé par les cours d'eau, etc. représenterait au moins pour *ce tiers un total de plus de 15 millions d'hectares.*

2. Il résulte donc de ces chiffres, que même sans avoir égard à ce besoin impérieux de prairies 1° comme préservatif des inondations ; 2° comme préservatif du sol en pente ; (voir chap. 4, 6) 3° comme agent indispensable pour la reconstitution et la fécondation des terres stériles, mais seulement *au point de vue de l'établissement de la grande base que nous avons vu (chap. 2) absolument nécessaire à notre agriculture,*

nous aurons à créer au moins trois fois plus de prés que ce que
nous en avons, soit à peu près 10 à 12 millions d'hectares !

3.   Cependant, considérée encore sous les trois autres points
de vue que je viens de nommer, cette création de pelouses
avec irrigations sur les déclivités s'y trouve si avantageuse,
si indispensable, sous tous les rapports, qu'on a peine à se
faire une idée qu'une nation telle que la France, *ait pu arri-*
ver à un si haut degré de prospérité, sans s'apercevoir plutôt
d'un si avantageux et si infaillible remède ? et surtout que les
administrations l'aient aussi ignoré, lorsqu'elles proposaient
des moyens si peu efficaces tels que les bois et autres systèmes que nous examinerons chap. 11 ?

Lorsqu'il suffit qu'on puisse gazonner les terres, conserver
ces gazons (voir chap. 13, 14) et les arroser par les fortes
crues torrentielles (voir chap. 12) pour obtenir, non seulement les grands résultats cherchés, mais encore pour arriver
quelque aride, stérile, rocheux ou graveleux que soit le sol, à
le fertiliser presque à souhait, et avec autant de profit que ce
que le Nil féconde l'Egypte !

4.   Or, par un si puissant et efficace moyen d'enrichir les
prairies on pourra donc conquérir autant en faveur de l'A-
griculture, qu'en faveur des trois autres grandes solutions,
les vastes étendues de ces terrains stériles que la France possède, et dont la somme dépasse 18 millions d'hectares. Et
en admettant comme c'est certain que le niveau de nos canaux d'irrigations puisse atteindre et bien arroser pendant les
fortes crues les deux tiers de ces 18 millions d'hectares, on
en aurait environ 12 millions susceptibles d'être régénérés.

5.   Si on compare la valeur de ces 12 millions d'hectares
actuellement presque tout-à-fait stériles, ou du moins qui
donnent très peu de rapport, avec la fécondité qu'on peut leur
faire obtenir par les immenses charrois fertilisants des
eaux bourbeuses. (voir chap. 5) Si d'un autre coté on prend
l'évaluation qui a été faite de ces terres en pente et en plaine
appelées vaine pâture, bruguières, pâtis, landes, jachères,

graviers, etc. dont la moyenne a été fixée à 30 francs par hectare, tandis qu'en pré le même espace a été porté aussi en
moyenne à deux mille francs, on voit que ces terres sont susceptibles d'acquérir un surcroît de valeur de 1,970 francs
par hectare, ce qui produit pour 12 millions d'hectares 23
milliards, 640 *millions*, somme encore susceptible d'augmenter
peu à peu dans de fortes proportions , car les prairies existantes sur lesquelles est basé ce calcul, en étant fertilisées ou
enrichies à chaque crue torrentielle par les alluvions combinés aux pelouses, produisent dans peu d'années et même seulement après quelques uns de ces arrosages bourbeux (voir
chap. 5, 12) trois ou quatre fois plus qu'auparavant, progres-
gression que j'ai obtenu moi-même (voir chap. 8, art. 7) et
que chacun obtiendra en appliquant ce régime régénérateur
aux anciennes prairies.

6. Mais si nous supposons seulement qu'en moyenne, les
prairies existantes doublent de revenu, au moyen de ces
puissants auxiliaires de fécondation que donnent les eaux
bourbeuses combinées aux pelouses, il faudrait donc doubler
le multiplicateur 1,970 et par conséquent la somme ci-dessus,
ce qui donne 47 milliards 280 millions, auxquels il faut ajouter 7 milliards pour la double valeur que ce système procure
aux prairies existantes. Soit seulement *pour le tiers du sol
qu'on doit affecter aux fourrages* la somme immense de 54
milliards 280 *millions* !

Cette somme, qui pourra paraître exagérée, fabuleuse, n'est
toutefois calculée, comme nous venons de le voir, que pour
la partie la plus aride de la France, pour *ce tiers du sol* à
couvrir d'alluvion, tandis que nos arrosages bourbeux sont
susceptibles de fertiliser au moins deux fois plus d'étendue
(voir chap. 5, art. 14). D'ailleurs si on y ajoute le surplus des
fumiers que cette triple augmentation des fourrages produirait en faveur des autres deux tiers, soit des 30 millions
d'hectares cultivables où ces fumiers seront affectés en triple
quantité en plus qu'auparavant, augmenteront encore le pro-

duit de ces terres dans beaucoup de localités jusques à y tripler les récoltes !

Mais si nous supposons seulement une moyenne d'une moitié de revenu en plus, cette moitié constituerait sur 30 millions d'hectares une augmentation de valeur au moins égale à la somme ci-dessus, soit *autres 54 milliards?*

7. Il reste cependant encore une autre grand problème qui n'est pas compris dans ces chiffres (celui sollicité par Sa Majesté Napoléon III voir chap. 4 art. 5) problème qui vaut évidemment une forte somme, et qui *étant connexe* avec les trois premiers (voir chap. 21 art. 4, 5, 6) se trouve résolu d'une manière parfaite par ces vastes étendues de pelouses irrigables, (voir chap. 3, 4, 13) par cette augmentation énorme de gazons ou autres végétaux sur les terres en pente qui absorbent à souhait les pluies torrentielles et par conséquent les inondations.

D'ailleurs les irrigations des deux espèces (voir chap. 12) pourront être multipliées presque sur toute l'étendue de la France, au point que, excepté les plus hautes sommités non accessibles aux canaux d'arrosage, excepté le lit des cours d'eau ou les rochers trop décharnés, toutes les autres terres, quelque stériles qu'elles soient, pourront devenir par les charrois régénérateurs des eaux d'une prodigieuse fécondité d'où jailliront évidemment des immenses revenus.

8. J'admets que diverses causes dont les plus épineuses sont en première ligne, cette entrave si difficile à débrouiller qu'on rencontre à tout pas parmi l'ignorance des cultivateurs, (voir chap. 19) ou encore l'appréciation douteuse qu'on pourra donner à mes procédés avant de s'être donné la peine d'étudier les avantages si complexes que produisent les combinaisons de pelouses avec les irrigations torrentielles, atténueront encore malheureusement trop long-temps la conquête d'une grande partie de ces sommes de prospérité ou des fécondes améliorations par les charrois des eaux, dont la France et même tous les États civilisés s'empareront tôt ou tard.

Mais en supposant une certaine lenteur surtout envers une bonne organisation qu'on verra indispensable pour effectuer cette grande conquête, base de l'avenir des peuples, et que nous trouvons dans un si déplorable état d'enfance ! (voir ch. 1, 2, 7, 8, 10 à 14, 19, etc.) il y a toutefois lieu d'espérer que notre patrie, qui avance si rapidement vers la civilisation, ne pourra que s'aviser sous peu du pernicieux régime où nous trouvons nos eaux et nos terres, régime avec lequel nos récoltes n'atteignent pas à un tiers des produits qu'elles sont susceptibles de nous fournir !

9. J'admets encore qu'il sera nécessaire que des plumes plus habiles viennent à l'appui de celle si peu exercée d'un agriculteur, pour faire ressortir avec plus d'autorité les avantages infinis que de simples arrosages de pelouses peuvent immanquablement procurer aux générations :

Mais une fois que l'immense portée de ces travaux sera reconnue du Gouvernement et des hommes de bien, les moyens de tirer les peuples d'un si regrettable chaos de misère et d'inertie ne manqueront pas, et la puissante centralisation qui nous régit, et qui dans ce cas est si avantageuse, permettra à notre Gouvernement, même sans avoir recours à un si grand déploiement d'activité et de crédit que ce qu'il en fallut pour la guerre de Crimée, d'accélérer aussi rapidement nos quatre grandes solutions tant cherchées, afin d'obtenir, si ce n'est dans ce siècle, tant de milliards de prospérité, du moins de grandes valeurs en place de ces terribles dégâts des eaux, et un bien être inappréciable pour plusieurs millions d'individus !

10. AUTRES AVANTAGES EN PLUS. En outre de ces sommes de prospérité que la solution de nos grands problèmes doit produire, il ne peut que rejaillir de ces travaux régénérateurs divers autres avantages d'une grande importance, dont je désignerai seulement ici les cinq plus éminents.

1° Il est d'abord certain qu'il s'opérera une grande infiltration des eaux pluviales sur les pelouses spongieuses (voir ch.

3, 4, 6, 13,) et que ces eaux, qui seront au moyen des arrosages torrentiels (chap. 7, 12) retenues sur les montagnes, grossiront ensuite les sources qui naissent au dessous et qu'elles en seront d'autant plus abondantes pendant toute l'année.

Cet accroissement des sources produira évidemment une régularité très importante : d'une part, *pour les irrigations*, qui puiseront au bas des montagnes soit le long de nos divers cours d'eau, ce qui permettra de multiplier un jour les arrosages par les eaux limpides (voir chap. 12, art. 9) sur des étendues environ dix fois plus considérables qu'actuellement ;

11. 2° D'autre part, nos cours d'eau ayant pendant toute l'année une plus grande régularité d'étiage, seront beaucoup plus propices *pour la navigation* de nos fleuves, rivières et canaux, de sorte que le commerce en grandissant d'abord avec l'augmentation de tous les produits du sol, (voir chap. 2, 6) trouvera beaucoup plus de facilité pour ces sortes de transports, puisque les grandes crues, ne pourront les interrompre, ni les basses eaux descendre aux extrémités déplorables qu'elles atteignent à certaines saisons.

12. 3° L'établissement d'un grand nombre de canaux d'irrigation, dont plusieurs nécessitent une longueur et une largeur considérable, pourra *faciliter les transports*, notamment *le flottage des bois*.

13. 4° Comme nos arrosages torrentiels nécessitent de petits endiguements, (voir ch. 7) soit pour l'établissement des grillages soit pour exhausser divers points des cours d'eau à la hauteur qu'exigent les irrigations, le derrière ou le dessous des digues sera comblé par des graviers et limons dont la superficie sera très considérable (voir chap. 5, art. 9, 10, 11) espaces qui peuvent être utilisés à des *plantations d'arbres*, dont diverses espèces prospèrent très bien dans ces charrois des eaux ; je citerai, en première ligne, le mûrier, le noyer, le chataîgner, le cérisier, le platane, l'acacia, le frêne, l'osier, le péuplier, etc.

Ces ensablements absorberont ainsi de grandes quantités

de ces eaux torrentielles et de leur charrois fertilisants à l'avantage des arbres, ce qui *diminuera encore les inondations* pour une part considérable.

14. 5° Cette régularité de nos cours d'eau fournira, par le moyen de ces digues et dans toutes les saisons, *une grande quantité de chûtes ou de moteurs hydrauliques*, moteurs qui pour nos diverses industries pourront nous permettre de soutenir la concurrence de nos voisins d'Angleterre ou de Belgique qui ont la houille plus abondante que nous pour produire la vapeur comme force motrice.

CHAPITRE 10.

Des INONDATIONS et des pernicieuses pratiques de la routine qui les ont occasionnées. Moyens pour les vaincre plus efficaces que ceux qu'on avait proposés, et pour obtenir en place des dégâts des eaux des immenses avantages.

1. Dans la création de l'Univers, on voit tout merveilleusement organisé. Et il est clair que si les *inondations* font en France défaut à cette harmonie générale, c'est par la faute de l'homme, par une foule de fausses pratiques (voir chap. 7, 8, 11, 12, 13, 19, etc.) par le manque de direction de ses travaux (voir chap. 16, 17, 18, etc.) envers les *deux grands éléments qui nourrissent tout*, que nous trouvons les causes de ces effrayants dégâts qui affligent tant de peuples !

Tandis que dans l'ordre de la nature règne partout, depuis le plus infime brin de poussière jusqu'aux immensités de l'Océan, des magnifiques combinaisons toutes faites en faveur

des peuples, dont nous ne saurions jamais être assez recon-
naissants !

2.   En effet, des millions d'herbes, de semences et de végétaux de toute espèce, les uns préservateurs, semblent spécialement destinés (voir chap. 14, art. 3, 4, chap. 18, art. 3, 4)
pour garantir les terres en pente contre les dégâts des eaux,
pour les y absorber avec leur charrois, d'autres plantes annuelles, nécessitant le labourage, ont évidemment leur place
dans les plaines à l'abri du danger des ravines.

Tous ces végétaux ont été donnés à l'homme avec une profusion infinie sur tous les points du Globe ; et il n'avait qu'à
faire le choix de ceux qui pouvaient le mieux lui procurer sa
nourriture ou les conditions d'une heureuse existence ; il devait surtout placer ces végétaux de manière à cultiver dans
les plaines ces plantes annuelles qui nécessitent l'ameublissement du sol, et propager en première ligne sur les terres
exposées aux ravines ces diverses espèces d'herbes fourragères qui préservent et enrichissent même jusqu'aux déclivités
les plus abruptes et les plus arides ! herbes qui par leur longue chevelue sans cesse renouvelée, jusqu'à présenter une
durée infinie, sont si éminemment propices aux arrosages, à
l'absorption des eaux, et à la conquête de leur alluvion (voir
chap. 3, 6, 12, 13, 18,) tout en étant la source la plus nécessaire et la plus efficace pour la nourriture des peuples ;
dispositions qui auraient sans nul doute cadré avec les mer-
veilles qu'à semé partout l'Auteur de l'Univers !

3. Mais, au lieu de cette sage prévoyance, l'incurie a plutôt
détruit sur les déclivités, et sans aucun discernement, ces
végétaux et ces fourrées si nécessaires à tant de points de
vue, en y pratiquant leur défrichement et leur destruction
par les incendies, avec la pioche, avec la charrue, avec les
bestiaux, etc, avec un désordre, une confusion de cultures di-
gnes des peuplades les plus sauvages !.. Désordres auxquels
il est grandement temps que les générations actuelles portent
remède, car elles verront bientôt qu'en dirigeant et en pla-

çant surtout les cultures qui préservent le sol sur les déclivités où elles sont si indispensables, en les arrosant par les crues torrentielles, celles-ci, au lieu d'être dévastatrices, auront leur rôle interverti et deviendront au contraire régénératrices !

En faisant ensuite des lois pour s'opposer aux destructions des pelouses, pour encourager leur création et leurs arrosages, il est très facile de combattre avec de grands avantages les destructions des eaux, et obtenir par ce même travail et toutes à la fois nos quatre plus importantes améliorations. D'ailleurs, nous voyons des peuplades bien plus arriérées que la France, telles que la Chine, et qui sont en fait du régime des eaux et des terres infiniment plus avancées !

Il serait donc humiliant pour les hommes éclairés de notre patrie de voir des millions de familles exposées aux terribles catastrophes des inondations, exposées à se procurer ailleurs les principaux objets de leur nourriture (voir 21, art, 3) lorsque seulement la bonne direction des arrosages et des prairies peut si avantageusement remédier à ces maux, et fournir à de grandes exportations.

4. Aussi, nous avons vu, chap. 4, art. 5, avec quel empressement notre Empereur a voulu qu'on cherchât à prévenir ces grands désastres ! Cependant malgré les divers systèmes qu'on avait proposés, malgré les recherches qu'on a faites depuis 1856 pour résoudre ces graves questions, aucun procédé, ayant quelque chance de réussir, n'a encore paru.

Or, celui qui a réfléchi sur les besoins des pays où se forment les inondations, qui a de plus sondé les procédés que j'indique, doit déjà comprendre pourquoi aucune autre solution avantageuse ne pouvait paraître !

5. Dans les 9 chapitres qui précèdent, chacun peut en effet avoir déjà vu les raisons qui démontrent *l'avantage ou la triple nécessité* de cet efficace remède de prairies à pelouses combinées à ces arrosages bourbeux ou torrentiels, expliqués chap. 3 6, et que nous allons examiner (chap. 11) par quel-

ques réfléxions sur les divers autres systèmes, les causes qui les rendaient impraticables, causes qui ont fait repousser toutes les autres solutions proposées et qui ne pouvaient que s'opposer éternellement à leur réussite.

6. J'ai déjà dit, ch. 1, que la principale difficulté, ou la principale cause du retard où se trouvent nos solutions les plus importantes, c'est qu'on n'a jamais connu la liaison ou la connexité indissoluble de ces quatre problèmes : 1° d'abord de ceux des inondations ; 2° de la préservation du sol en pente, ces deux qui doivent être résolus ; 3° par celui d'une bonne direction aux cultures, lequel nécessite de marcher aussi de pair avec le 4ᵐᵉ qui consiste dans la conquête des alluvions des eaux.

Sinon je ne crains pas d'affirmer que *tout remède qui laisserait nos vastes étendues de terres déclives dans cet état de nudité, de désolation* et d'émigration où elles se trouvent, (voir chap. 4, art 9) *au lieu d'aboutir à une solution durable, ne ferait que prolonger cet état progressif de ruine et de misère !*

Mais il est de plus établi par les chap. précédents que cette liaison des quatre problèmes, loin d'être un obstacle à la réalisation de celui-ci et réciproquement, est au contraire un avantage d'une valeur que des sommes immenses (voir chap. 9) ne sauraient en faire entrevoir la portée. Et ce qui peut seulement en donner une idée, c'est de savoir que toute espèce de remède qui ne donnerait pas un revenu pratique et applicable sur plusieurs millions d'hectares (voir chap. 8, art. 14, 15) ne pourrait jamais aboutir à aucune de nos améliorations.

Au lieu que par cette simple et infinie multiplication de pelouses, ou cette culture la plus avantageuse sur les terres où se forment les débordements des eaux, ou par la conquête des alluvions, *ces courants dévastateurs* (voir chap. 4) *seront tellement changés de destination qu'ils procureront au contraire aux peuples et à l'État la source de leurs principaux revenus :* (voir chap. 2, 6, 8. 9, 17, etc.); car de la conquête de si inépuisables engrais, et de la double absorption des pluies torrentielles sur ces pelouses spongieuses, résultent une foule d'avantages de tout genre : d'une part, diminution des espaces productifs des ravines ; d'autre part, absorption des eaux réunies ailleurs ; enfin accroissement des récoltes sur les parties gazonnées, etc.

7. Tandis que les quatre ou cinq principaux systèmes qu'on a proposés n'avaient pas seulement l'avantage de produire des aliments pour nourrir les travailleurs qu'il aurait fallu, après tous travaux faits, pour l'entretien de ces travaux !

Pourtant, personne n'ignorait que dans toutes les entreprises, celles surtout où comme ici des armées de personnes doivent agir, c'est la condition de la nourriture de ces armées qui doit marcher en même temps que toutes les autres ; attendu que sans cette condition, nous sommes obligés malgré nous à quitter jusqu'à ce sol qui nous à vu naître avec toute espèce d'exploitation, si nous n'y trouvons des produits qui fournissent au moins à ces premiers besoins.

8. Or, les vastes espaces de terres en pente où se forment les inondations, espaces qui pour la France présentent la supeficie énorme de plus de 12 millions d'hectares d'étendue, sur les deux tiers de laquelle doit être apporté presque partout le remède, nécessitent, quel genre de travaux qu'on y applique, que des populations aussi nombreuses que possible y soient toujours disséminées, et qu'elles travaillent éternellement sur une infinité de ces déclivités où il faut faire constituer et conserver un cataplasme qui doit être tout à la fois, et autant que possible 1° *productif de nourriture* ; 2° *préservatif du sol* ; 3° *conquérant des engrais des eaux* ; 4° *absorbant de ces eaux.*

9. Parmi les divers moyens qui ont été proposés, il est toutefois visible que chacun a agi dans des vues très humaines et très charitables ; mais soit que ces écrivains n'eussent pas assez étudié les terres en pente, leurs vastes étendues, les masses d'eau et d'alluvion qu'elles réunissent, les causes de

ces profonds ravins et torrents qui s'y forment, etc. (voir chap. 8, art. 23 et s. et chap. 4 et 5) Soit surtout parce qu'ils ne se sont jamais rendu compte de ces raisons majeures de prévoyance, aucun ne s'était avisé de chercher les solutions tant désirées dans *le système pratique susceptible de la plus grande extension, et qui pouvait en même temps produire le plus de revenu ;* aucun n'avait même cherché à rémédier à ces immenses et pressants besoins des pays à forte pente, ni à revendiquer en leur faveur les sommes inépuisables d'engrais que les pluies torrentielles y chargent. Tandis que c'est de ces côtés que devaient être dirigés les premiers soins afin d'arriver à ce but de la plus grande et stricte équité, savoir : *que les hommes puissent vivre sur les déclivités abruptes des montagnes, aussi bien nourris et aussi prospères du fruit de leur travail comme on vit ailleurs,* sans être obligés de s'expatrier pendant certaines saisons ou pour toujours.

10. Or, chacun peut voir *combien ces grands principes de droit et de premier ordre ont été délaissés et ignorés,* autant par les hommes qui ont écrit sur les inondations que par les Économistes et les Législateurs; par ceux-ci envers la répartition des impôts, leur péréquation, les moyens d'échange (voir ch. 18) etc. Au point que l'existence des peuples, sur une infinité de ces pentes si excoriées par les ravines, *n'y est plus tenable !* Et si dans ce temps de paix où nous avons le bonheur de vivre, l'émigration et la dépopulation s'y opèrent d'une manière si effrayante, lorsque le nombre des habitants pourrait s'y accroître, il n'y a nullement lieu de s'en étonner, car il est clair que c'est à cette fatale imprévoyance humaine que j'indique ici dans plusieurs chapitres, (voir chap. 7, 8, 12. 13, 14, 16, 18, etc.) que nous devons ces bouleversements.

En effet, dans ces déclivités où il fallait une direction intelligente des cultures, autant pour y conserver le sol qu'en vue des autres grandes solutions qu'on cherchait, on s'est seulement borné à faire quelque chose en faveur des bois,

encore sans s'occuper comment les peuples pourraient subvenir à leurs besoins avec un produit si pesant et dans des
contrées si dépourvues de moyens d'échange. Et les eaux,
principe le plus essentiel de notre nourriture, vont s'engloutir
avec leur engrais dans les mers! Et les fourrages dont on
pouvait déjà connaître la nature si éminemment préservatrice
et nourricière, ont été abandonnés à un horrible cahos de
destruction (voir chap. 4, 5, 7, 12, 13, 17, etc.)

Cependant, il était aussi visible que pour faire venir avec
toute autre culture sur les contrées si rapides, ce que la subsistance des peuples exige soit des récoltes comme ailleurs,
on y est sujet à mille vicissitudes que l'habitant des villes ou
des pays en plaine ne connaît même pas, vicissitudes auxquelles les hommes qui ont eu pour mission de diriger les sociétés n'ont jamais réfléchi, ou du moins n'ont jamais eu assez
d'égard, sous aucun rapport.

11. Ces terres ne peuvent y être piochées ou remuées sans
être mises en danger de périr avec les semences et récoltes
par les ravines. Si l'homme veut pour y tirer sa nourriture
ameublir le flanc des montagnes, soit en vue d'y récolter
quelques céréales des légumes, etc., il faut qu'il exécute presque partout le travail à la main, parce que ces contrées presque toutes rocheuses et abruptes sont d'une trop forte déclivité pour y employer la charrue; or chacun sait combien les
travaux de ce genre exécutés à la main sont coûteux?

12. Mais ce n'est pas tout, il faut pour applanir un peu ces
terres, ou pour les garantir contre ces ravines qui les ont
réduites dans ce triste état, y construire une infinité de murailles, dont l'entretien seulement coûte quelquefois plus que
ce que le sol rapporte. Il faut encore des acqueducs pour détourner les eaux provenant des déclivités supérieures. Tandis
que les prés garnis de pelouses et arrosés sur quelle pente
qu'ils soient, n'ont besoin d'aucune muraille, et y sont néanmoins d'un plus grand rapport qu'aucune autre culture.

13. Les transports des fumiers et de toute espèce d'objets,

ainsi que le denrées à y importer, y sont d'une difficulté
inouie ; (voir chap. 18) les routes et autres moyens de
transport y manquent presque partout. Il faut y faire la
plus grande partie des charrois à dos d'homme ou de mulet,
les récoltes y sont ainsi très chétives et excessivement coûteuses ; de sorte que le peu de seigle, de mil noir et les légumes qu'on y sème (en supposant que les eaux n'aient pas
emporté terres et grains avant que le chevelu de leurs fanes
ou de leurs racines les aient mis à l'abri, à l'instar des pelouses) ne rendent un produit qu'à des prix de revient très
élevés ! aussi ce serait une injustice flagrante de traiter ces
pays au même degré que les contrées où ces mêmes récoltes
s'obtiennent et se transportent ainsi que les importations avec
environ vingt fois plus de facilité !

14. Ces diverses considérations, ajoutées à celles aussi puissantes que motivent les autres problèmes, qui se trouvent
connexes avec ces moyens d'enrichir le sol en pente, (voir
chap. 21 art. 5, 6, etc.) démontreront, je pense, suffisamment
la nécessité où sont tous les hommes, et en particulier les
administrations et les législateurs, de tourner promptement
leurs regards vers les pressants besoins de ces pays, de faire
appliquer et encourager, du moins aux terres en pente, ce régime cultural si simple, si économique de prairies à pelouses
irrigables et conquérantes, prairies qui multipliées seulement
selon les besoins (voir chap. 2) et combinées aux moyens
d'échange, au placement des cultures, (voir chap. 18) ap-
planiront tout à la fois, et autant comme il est permis de le
désirer de l'initiative humaine, ces difficultés des cultures et
les dangers des destructions des eaux tout en s'opposant à ces
désolantes émigrations.

15. Ce régime régénérateur sur les terres déclives combiné
encore à l'élevage des bestiaux et des fruits (chap. 6) le tout
mieux dirigé, procurera aux peuples au moyen des échanges
(cha. 18) une nourriture et des revenus plus à la hauteur des
besoins de notre époque, et beaucoup plus de bien-être aux

nombreuses populations qui doivent par de si grands motifs, être là disséminées, et s'y multiplier, ne serait-ce que pour y tenir en bon état cet immense cataplasme pelouse, qui réunit tant et de si féconds avantages.

CHAPITRE 11.

Des divers systèmes qu'on avait proposés pour PRÉVENIR LES INONDATIONS : 1° Encaissement des cours d'eau. 2° Fossés. 3° Réservoirs pour les arrosages. 4° Endiguements des cours d'eau. 5° Boisement des montagnes, comparés aux irrigations sur les prairies à pelouses.

1. Il me serait trop long de décrire toutes les particularités des cinq principaux systèmes qu'on avait proposés ; je tracerai donc seulement ici, après avoir expliqué les résultats qu'il s'agissait d'obtenir, les principales causes qui ont jusqu'àprésent empêché leur exécution, et qui sont de nature à s'y opposer éternellement.

2. 1° L'ENCAISSEMENT DES FLEUVES ET RIVIÈRES par lequel on prétendait retenir les eaux dévastatrices dans leur lit, au moyen de digues ou remblais placés parallèlement et même perpendiculairement à leur cours, est un système qui ne pourait être employé que pour la défense de quelque ville, encore faudrait-il par la suite faire exhausser le sol préservé des alentours, selon les procédés que j'indiquerai chap. 15 ; parce que sans ce moyen, ces digues feraient tantôt exhausser, tantôt creuser le lit des cours d'eau, et cette alternance qu'il est presque impossible de prévoir, risquerait d'entraîner la rupture de ces digues et d'occasionner plus tard des irruptions plus dangereuses que le mal qu'il s'agit de prévenir.

3. Ce système présente encore les défauts 1° d'être tellement

coûteux que les ressources de la France ne suffiraient jamais à encaisser suffisamment tous nos cours d'eau. 2° D'être gênant pour la circulation. 3° De ne rien produire et occasionner au contraire des dom ages pour l'emplacement de ces digues, et des dépenses d'entretien très onéreuses. 4° De laisser le mal progresser sur les terres en pente, où ces agglomérations torrentielles ne feraient que grandir les débordements des fleuves. 5° D'être impraticable sur une infinité de positions en faveur desqu'elles on ne pourrait jamais y appliquer aucun autre remède pratique et plus efficace que les exhaussements (voir chap. 15), et la fertilisation du sol que fournissent les irrigations torrentielles et leurs charrois combinés aux pelouses.

4.   2° LES FOSSÉS creusés horizontalement sur les terres en pente, en guise de longs réservoirs, soit des murailles en place, disposés à 10, 20, 30 mètres, etc. l'un de l'autre, ou éloignés proportionnellement à leur capacité, à la pente du sol, au genre de culture; etc., ces réservoirs auraient l'avantage de retenir et faire imbiber ensuite dans le sol les eaux pluviales, en conservant au fond de ces fossés une partie des limons que les eaux enlèvent sur ces terres à préserver ; mais ces réservoirs seraient excessivement coûteux, car il faudrait les tenir continuellement vidés de ces limons et des éboulements qui les rempliraient bientôt, d'ailleurs ce genre de travaux ne peut convenir à aucune culture en grand, si ce |n'est à quelque plantations d'arbres fruitiers, tels (par exemple) que quelque parcelle de châtaigneraie, de vigne ou autres fruits sur les côteaux, fruits que les montagnes froides ne pourraient mûrir.

5   D'ailleurs si on voulait généraliser ce genre de cultures sur les terres en pente, il faudrait seulement pour l'entretien de ces fossés beaucoup plus de travailleurs que ce que ces contrées pourraient en nourrir ; aussi ce système, quoique préférable aux encaissements que nous venons de voir (art. 2), ne pouvait donc être praticable que sur quelque colline près

des villes où les fruits se vendent beaucoup ; mais dans les montagnes il ne pourrait être appliqué assez en grand pour y absorber d'une manière sensible la source des inondations, tandis qu'avec les prairies à pelouses qui prospèrent dans tous les climats on pourra presque sans dépenses récolter abondamment des fruits sur le sol, (voir chap. 6, art. 8, 9) en même temps que des fourrages en abondance.

6.   3° RÉSERVOIRS POUR L'ARROSAGE. Ces réservoirs qui auraient eu pour but, comme l'avait probablement le lac Méris, de retenir les eaux torrentielles et d'en fournir pendant l'été aux irrigations, n'ont sans doute été étudiés que sur le bureau, car il est clair que d'une saison à l'autre, ces eaux disparaîtraient à travers les fissures de la terre et des digues. Et ce qui est mille fois pire, c'est qu'elles déposeraient leurs limons et principes féconds ; matières qui se précipitent au fond des eaux dès qu'un instant de repos le leur permet (voir chap. 5 art. 10., 11). De sorte que la putréfaction de ces engrais combinée à celle des eaux croupissantes, ne serviraient qu'à créer de fièvres pestilentielles aux alentours.

7.   Ces dépôts d'alluvions ou de graviers auraient donc bientôt comblé (de même que les charrois du Nil pour le lac Méris) ces réservoirs ; et sans compter les frais de première création, il faudrait seulement pour tenir vidés ces espèces de lacs, des armées de travailleurs, repartis sur une infinité de positions depuis les petits torrents jusqu'aux rivières ?

8.   4° L'ENDIGUEMENT OU BARRAGE DES COURS D'EAU diffère des réservoirs ci-dessus, en ce sens qu'il n'est pas question de conserver les eaux pour les arrosages, mais de laisser aux digues des ouvertures ou *pertuis* équilibres avec le volume moyen que les cours d'eau débitent ; ouvertures qui équilibreraient évidemment l'étiage des fleuves contre les fortes crues en faveur des basses eaux, régulariseraient la navigation, etc.

9.   Ce système qui est à l'étude, ai-je dit, depuis 1856, quoique bien préférable ou plus susceptible, sur certains endroits,

de recevoir une application pratique contre les inondations ; présente toutefois des sérieux inconvénients, dont il est de la plus haute importance, pour éviter des frais, que des plus longues recherches pourraient occasionner, que chacun signale à notre Gouvernement dans *cette grande enquête* qui se poursuit ; d'abord ce qui est contraire à cette grande et intéressante entreprise, et ensuite les moyens de solution qu'on voit plus avantageux.

10. 1° *Les dépôts d'alluvion* qui ont lieu dès que les eaux bourbeuses trouvent un instant de repos, *seraient encore ici un obstacle* qui dans beaucoup de localités où ces eaux charrient ces quantités immenses calculées chap. 5 est réellement insurmontable ; car les limons, les pierres et les graviers auraient comblé quelquefois en quelques heures de grandes parties de ces vastes réservoirs ; ce qui nécessiterait un travail perpétuel et très coûteux, soit de vidage, soit de constructions nouvelles pour remplacer les parties comblées. Et sans parler des premières constructions ou des achats du sol, où il faudrait des sommes exorbitantes, cet entretien nécessiterait des dépenses énormes sans aucun accroissement à la production des montagnes.

Tandis que sur les prairies à pelouses, les charrois des eaux au lieu d'être un obstacle, produisent au contraire sous peu des récoltes susceptibles de fournir le remboursement de tous les frais (voir chap. 17, art. 8 et suiv.) en formant la base de nos quatre grandes solutions.

11. 2° Sauf quelques espaces rocheux qu'on rencontre pour créer sans trop de frais d'achat ces vastes réservoirs, l'agriculture aurait à leur *sacrifier de riches terrains du bord des cours d'eau* qui sont généralement les parties du sol les plus fertiles qu'on rencontre dans les vallées montagneuses.

12. 3° La préservation, ni *l'amélioration des terres en pente n'auraient aucun remède dans la création de ces endiguements*, et les eaux torrentielles, avec les destructions et dépopulations qu'elles y occasionnent, continueraient leur marche dévasta-

trice et progressive ; (voir chap. 4, art. 9 et chap. 8, 10) de sorte qu'il faudrait tôt ou tard pour obtenir les améliorations chap. 1, art. 1, que les peuples remontassent à la source du mal pour y appliquer et y entretenir ensuite productif, ce remède complexe et efficace que j'indique. (voir chap. 2, 3 à 6, 12, 14).

13. 4° Un grand nombre de *chûtes d'eau ou de moteurs hydrauliques* qui, avec les nouvelles voies de communication que les pays montagneux réclament, (voir chap 18) sont susceptibles de constituer un avenir beaucoup plus prospère à nos industries, (voir chap. 9, art. 14) méritent à ces titres de ne pas être perdus de vue par nos administrations ; cependant ces moteurs se trouveraient ensévelis en grand nombre par ces vastes réservoirs.

14. 5° Les cas de *rupture de ces grandes digues* par des accidents qu'on ne peut souvent prévoir, tels que trombe, avalanches, affaissement du sol, etc. seraient un danger pour les riverains, d'autant plus redoutable qu'il serait imprévu.

6° Les eaux qui séjourneraient dans ces espèces de lacs avec le dépôt de leurs fumiers ou principes fertilisants risqueraient, dans certaines localités et dans les saisons chaudes où ces eaux stagnantes sur leur dépôt en putréfaction ne seraient pas battues par les vents, d'y occasionner, comme cela arrive autour de certains lacs et étangs, des fièvres ou d'autres maladies pestilentielles dans les environs. Ce danger, surtout dans les vallées profondes, tortueuses et étroites qui n'ont pas de courants d'air réguliers, est un obstacle des plus sérieux et qui doit suffire à lui seul pour écarter la création de ces barrages, car tout ce qui risque de porter atteinte à la santé des peuples, tout ce qui peut occasionner la dépopulation, soit par cause de santé, soit par défaut d'aliments, doit être rigoureusement évité.

15. Il vient à ce propos une 7ᵐᵉ raison contraire aux barrages : c'est que tout système non productif d'aliments ne saurait jamais combattre avec avantage les inondations ; car si pour arriver à ce but il faut remonter à la source du mal, (voir

chap. 4, art. 7 et suiv.) puisque dans les montagnes l'agriculture si mal comprise, (voir chap. 7, 8, 12, 13, etc.) ne peut y suffire aux naturels qui peu à peu sont obligés de s'expatrier : comment s'y nourriraient, dans ce cas, les armées de travailleurs qu'il faudrait, répandues dans une infinité de positions, et éternellement en permanance. Ne serait-ce que pour y remédier aux parties que les torrents combleraient sans cesse ?

Cette seule considération ou les besoins pressants des pays en pente (voir chap. 4, art. 9 et chap. 8, 10, 12, 13, 17, 19, etc.) peuvent, je pense, suffire pour faire comprendre l'avantage qui se trouve dans la connexité ou la solidarité des quatre problèmes que nous avons à résoudre ; et c'est un bonheur immense, inespéré, que de si importantes solutions se trouvent avec de si grands revenus (chap. 8 et 9) dans cette partie si simple de l'agriculture, (chap. 2) qui est la plus nourricière, la base ou la source de toutes les autres et de nos aliments !

16. 5° LE BOISEMENT DES MONTAGNES qu'on a le plus prôné et que tant d'hommes mettent encore en avant comme le moyen connexe le plus efficace à la solution de deux problèmes, 1° comme préservatif du sol en pente et 2° comme absorbant des inondations , ne présente toutefois guère plus de chances de réussite que les autres systèmes que nous venons de voir : et il est facile de démontrer combien les bois sont loin de remplir les conditions désirables , ou de nous donner seulement le moindre des avantages que nous offrent les prairies à pelouses et leurs irrigations torrentielles.

17. En effet , loin de nous donner une garantie contre les terribles débordements de nos fleuves ; loin d'absorber ou retenir comme les pelouses les eaux pluviales avec leurs charrois si fertilisants , (voir chap. 5, 6) les arbres sans gazons ou autres fourrées épaisses ne préservent pas même suffisamment contre les pluies torrentielles les déclivités qu'ils occupent : Ainsi les Cévennes, quoique garnies de châtaigners, sont les pays où les dévastations des ravines causent les plus grands dommages , et qui ont par conséquent le plus pressant besoin d'être

mis à couvert et régénérés par le système fertilisant que j'indique ; car ces ravines y emportent la couche végétale (voir chap. 4 , art. 9) et y dépeuplent les pays avec une rapidité effrayante !

D'ailleurs *le boisement*, en supposant qu'il fut effectué avec d'autres espèces d'arbres qui garniraient mieux le sol, ne pourrait jamais à lui seul préserver suffisamment les terres en pente, ni non plus préserver les vallées des inondations : Celà par la raison bien simple *que les bois ne couvriront jamais suffisamment les déclivités et ne pourront jamais occuper d'assez vastes étendues du flanc des montagnes :* Car il est un *principe, une impossibilité matérielle* que n'ont sans doute jamais compris les hommes qui indiquent les bois comme l'unique moyen contre les destructions du sol en pente, et contre les inondations.

18.   Ce principe : *C'est qu'on n'a pu et qu'on ne pourra jamais boiser guère au-delà des besoins.* Et il est très clair, que si on voulait aller au-delà, *ces bois ne contribueraient que plus promptement à leur destruction* et à des mécomptes très regrettables sur leur rapport, à la ruine des pays de montagnes, etc. Puisque les propriétaires du sol qui dans ce cas ne retireraient aucune rente de leurs bois chercheraient, comme ils l'ont fait jusqu'à présent, les uns à les défricher pour récolter en place des céréales ou autres denrées qu'il faut absolument à leur nourriture ; d'autres, et c'est ici ceux qui leur font le plus de tort, les incendient pour y dépaître plus commodément leurs troupeaux, ou pour en déloger les animaux sauvages !

19.   Ce qui justifie encore ce principe, qu'on ne pourra jamais boiser guère au-delà des besoins , c'est que depuis long-temps des lois ont été promulguées pour favoriser le boisement des montagnes, soit en y encourageant le semis ou en s'opposant à la destruction des forêts, etc.; mais malgré ces précautions, les espaces boisés, au lieu de suivre l'impulsion voulue, ont énormément diminué.

Nos lois récentes, quoique mieux sauvegardées par la faculté que pourront donner de nouvelles routes pour l'exportation et plus encourageantes pour les propriétaires, ne pourront toutefois que rencontrer les mêmes causes d'insuccès.

Ces causes qui sont la conséquence du principe énoncé ci-dessus pourraient se résumer dans ces mots : *Le manque de revenu des contrées boisées, ou le trop plein de bois contribuant à leur ruine.*

Or, ces causes de destruction sont tellement fortes, tellement insurmontables qu'on peut prédire, sans crainte d'être jamais démenti, qu'aucun article des lois humaines ne pourrait les vaincre suffisamment pour arriver au but qu'il s'agissait d'atteindre.

20. Voici pourquoi : Dans les localités où un trop plein de bois existe, le sol se couvre peu à peu d'épaisses couches de feuilles mêlées dans des branches mortes ou vertes, des broussailles, bruguières, ronces, troncs d'arbres et autres détritus de diverses espèces. De sorte que ces débris végétaux qui forment sur certaines positions des couches aussi spongieuses que les pelouses des prairies, seraient en effet en état d'absorber les pluies. Mais ces divers objets ainsi délaissés couvrent les herbes dont les troupeaux pourraient tirer leur nourriture, et les déclivités ainsi couvertes ne donnent aucun rapport ; mais ce qui est un objet de ruine, *c'est qu'ils constituent un aliment pour le feu qui entraîne furtivement les destructions des forêts, jusqu'à des centaines d'hectares à la fois !*

On voit chaque année pendant les saisons sèches ces débris s'enflammer et le feu se communiquer sur de vastes espaces ! Tantôt ce sont les bergers qui les incendient en gardant leurs troupeaux, tantôt des forêts sont invahies par la malveillance, ou par simple accident.

Il résulte de ces incendies que la terre, les cendres et toutes les matières les plus fécondantes que la végétation avait accumulées à la surface du sol, sels, gommes, détritus d'insectes et d'animaux, humus, matières azotées, etc., qui s'y trouvent divisées par le feu en fine poussière, sont emportées par les vents et par les premières pluies torrentielles ; c'est ce qui explique pourquoi les eaux bourbeuses procurent partout cette grande fertilité que j'ai mentionné chap. 5 et 6.

Les contrées ainsi désolées par le feu, les eaux et les vents, se trouvant excessivement nues de végétaux pendant de longs intervalles, constituent une source très puissante à grossir les inondations ; ces terres prennent ensuite le nom de vaine pâture, et la couche végétale est emportée totalement à la suite des siècles jusqu'au rocher : De sorte que dans les déclivités où des espaces trop vastes sont abandonnés en bois, bruguières, broussailles, etc. partout où les débris de quelle nature qu'ils soient périssent sur place, il serait infiniment plus utile d'y diminuer ces bois en faveur des prairies à pelouses que de les y encourager, attendu que les primes risquent d'être employées sur certaines contrées, à rendre plus dangereuses les mêmes destructions ou les débordements des eaux qu'il s'agissait de combattre, en laissant ces terres déclives exposées comme elles l'ont été jusqu'àprésent à cette babel de destruction que l'ignorance leur forge sans cesse (voir chap. 10, 18).

21. Plusieurs autres considérations démontrent encore l'impossibilité et le peu de fruit qu'on retirerait d'un boisement général des terres en pente ; tout en y montrant à la place la nécessité des prairies à pelouses et de leurs irrigations : S'il fallait (par exemple) tenir garnies de bois les vastes étendues qui longent les Cévennes, étendues qui ont en moyenne, plus de 80 *kilom.* de largeur sur environ 400 de longueur ! Que ferait-on de tant de bois vers le centre de ces montagnes ? dans ces longues et tortueuses vallées si éloignées des villes, dans une si complète impossibilité d'aller y échanger ces bois ou leurs débris, avec les diverses denrées coloniales qu'il faut à la subsistance des habitants ? lorsque la houille à portée des chemins de fer y coûte moins que le transport des bois pour 14 ou 15 *kil.* de distance dans ces montagnes dépourvues de toute voie de communication ? (voir chap. 18 art. 17, etc.)

Et en quels lieux dirigerait-on tant de combustible, et tous les débris des bois etc. lorsque les terres déclives de la France devraient produire plus de dix fois sa consommation ? Comment se nourriraient les peuples dans de si vastes étendues boisées sans en défricher des parties, lorsqu'il ne se trouve sur des millions d'hectares que de ces terres trop déclives pour permettre d'ameublir le sol sans l'exposer à être emporté par les ravines ?

22. Oh ! évidemment les hommes qui conseillent les bois comme le remède unique, infaillible contre les dévastations des eaux, n'ont jamais réfléchi à ces divers inconvénients ; le désir d'arriver promptement à une solution tant désirée, ne leur a permis de voir les pays en pente que du haut du clocher des villes voisines. Et loin d'aller sur les lieux étudier les moyens d'y absorber les eaux des inondations, tout en préservant ces terres déclives des ravines, tout en y faisant venir des récoltes et autres facultés qui manquent (voir chap. 10, 18, etc.) pour y procurer une existence convenable aux peuples de ces vastes contrées ; ils n'ont pas seulement eu égard *au premier besoin de l'homme, à son alimentation*, besoin qui à lui seul ferait tôt ou tard échouer tout système qui le négligerait.

23. A la vue de la fausse route qui a été suivie jusqu'à présent envers les pays montagneux, on est tenté de se demander si les écrivains qui prétendaient boiser nos 10 à 12 millions d'hectares de terres à forte pente n'avaient pas en vue de les dépeupler ! Car chacun sait bien qu'aprésent on n'y séjournerait plus comme autrefois avec des racines des forêts ; mais on ne peut attribuer à des hommes qui agissaient dans le but si éminemment utile, la barbare pensée de dépeupler ces pays que le Créateur semble au contraire avoir destiné aux irrigations (voir chap. 14, art. 3, 4) et à des magnifiques paysages de verdure, dont quelques vallées mal arrosées en offrent l'agréable spécimen.

24. Ce qui peut seulement expliquer la fausse marche qu'ont suivi les écrivains, les législateurs, etc. vis-à-vis des montagnes, c'est qu'ils ont agi sans connaissance de cause, et ce qui

en fournit une autre preuve, c'est que quelques-uns ont prétendu que, garnies de bois, ces déclivités augmenteraient de valeur. Autre assertion encore plus irréfléchie et qui confirme ce que je viens de dire : que ces écrivains n'ont étudié les pays de montagnes qu'aux environs des villes, puisque s'ils avaient connu tant soit peu les usages de ces nombreuses vallées où se forment les terribles débordements de nos fleuves, s'ils savaient seulement les difficultés qu'on y éprouve pour transporter les objets pesants ou pour en tirer quelque revenu, principalement des arbres, ils auraient plutôt dit, que souvent les plus beaux troncs périssent sur place ; (voir chap. 18, art. 14) et que si les bois étaient répandus au-delà des besoins, ils ne rapporteraient absolument rien, ce qui placerait les propriétaires dans la facheuse alternative de les abandonner, ou de les exposer au barbare usage du défrichement ou des incendies !

Or, ce serait actuellement pour les pays qui longent nos grandes chaînes de montagnes, environ les 19|20mes du sol en pente où il faudrait ensuite laisser périr les arbres et surtout leurs feuilles, leurs branches et autres débris dont l'ensemble ne servirait qu'à constituer, comme cela avait lieu dans les temps primitifs, des répaires pour les animaux sauvages, ou un aliment à ces vastes incendies qui, comme je l'ai dit art. 20, constituent la ruine la plus radica le des terres à forte pente.

25. Il est donc clair que les bois ne pouvaient ni empêcher suffisamment les inondations, ni les destructions du sol, attendu qu'on ne pourrait guère plus les répandre, si ce n'est sur quelque contrée qui ne serait pas assez pourvue de combustible ; et après qu'on aura ramené les populations dans ces pays en y facilitant c omme notre Gouvernement l'a déjà fait dans les Landes, la Sologne, etc. les moyens d'existence, d'abord pour de bonnes voies de communication, par des encouragements à la culture des prairies à pelouses, à leur irrigation tc. ; (voir chap. 16, 17 et suiv.) car, si comme on le peut, on y décuplait sur certains points les fourrages ; ces produits

6

qui infiniment préférables au bois (chap. 2) ou d'une plus
value moyenne des 4|5mes ; produits toujours faciles à faire
consommer sur place, au moyen de l'augmentation des bés-
tiaux, les peuples pourront y suivre presque la même augmentation, et y vivre aussi commodément que dans les autres
pays.

Les bois pourront alors proportionnellement augmenter et
couvrir les sommités au dessus où le niveau des irrigations ne
peut atteindre. Ces bois pourront même produire des revenus
au moyen des diverses industries qui sont susceptibles de bien
prospérer avec les moteurs hydrauliques que peuvent fournir
nos divers cours d'eau, (voir chap. 9, art. 4) ou par le moyen
de voies faciles de communication, dont on ne tardera pas à
voir aussi bientôt l'absolue nécessité. (chap. 18)

26. Dans cet espoir, des voies plus en rapport avec les besoins
de ces pays, j'ai boisé moi-même toutes les parcelles que je
n'ai pas cru pouvoir fertiliser par mes arrosages torrentiels ;
j'ai encore garni d'arbres fruitiers et autres les ensablements,
et les parties des terres où les racines des herbes fourragères
ne peuvent atteindre un sous sol couvert par le charrois des
eaux ou trop profond ; reconnaissant que les arbres par bos-
quets, par lisières, par lignes autour des propriétés, et sur le
bord des cours d'eau, sur les ensablements, etc. sont mieux
placés qu'en forêts. Ils abritent les autres récoltes contre les
vents, et sont hors de dangers des incendies que j'ai signalé
ci-dessus art. 20.

27. J'ai encore fait plusieurs pépinières, voyant combien
l'arboriculture est susceptible d'améliorations, premièrement
en arbres fruitiers, qu'on peut répandre abondamment dans
les prairies enrichies par les alluvions ; (voir chap. 6, art. 8)
ensuite d'autres espèces dont les bois et les fruits sont nécessaires, tels que noyers, châtaigners, accacia, chêne, frène, etc.
qui prospèrent très-bien sur les ensablements.

Ces arbres, dont on n'a pas la prévoyance de dresser leur
tige dans leurs premières années, nécessitent de ce côté de

fixer l'attention des agriculteurs ; car bien dirigés ils donnent autant ou plus de fruits, et à leur coupe des magnifiques boisages; leur revenu pourrait ainsi considérablement augmenter.

28. Tous ces motifs démontrent surabondamment combien il serait préjudciable de boiser les espaces que les eaux bourbeuses peuvent aller enrichir, vu l'avantage immense que les fourrages ont de toute part sur les premières cultures.

L'inconvénient des bois que je signale sur certains lieux, et leur nécessité sur d'autres démontrent aussi impérieusement le besoin d'une direction à l'ignorance, besoin qui paraîtra aussi encore avec plus de force pour la place des cultures préservatrices et que je développerai (voir chap. 16, 17, 18, etc.) au point de vue de nos quatre grandes solutions. Ici c'est d'abord pour *éviter le trop plein des bois afin que les débris laissés sur place ne puissent occasionner ces terribles incendies, qui ruinent le flanc des montagnes,* et d'où résulte comme nous l'avons vu (art. 20) la perte complète de la couche végétale sur de si vastes étendues!

29. Le placement des prairies à pelouses irrigables sur les mêmes espaces, produira donc infiniment plus de profit ; et là du moins les sacrifices que feront les particuliers et le Gouvernement, ne risqueront pas comme pour les bois d'être tournés par le trop plein et par des débris inflammables à grossir les maux qu'il faut diminuer.

Il suffira d'avoir d'abord pour le travail de ces fourrages un plus grand nombre de faucheurs ou de machines faucheuses ; ensuite de multiplier par l'élevage la somme de nos bestiaux, ce qui sera facile en conservant un plus grand nombre de femelles de lait, en retardant de les amener à la boucherie. De sorte que les animaux augmentant en quantité et en poids, la France pourra bientôt s'exonérer des fortes sommes qu'elle paie tous les ans à l'étranger, (chap. 21 , art. 3) et même en fournir pour des exportations plus faciles et plus lucratives que s'il fallait y porter des bois, et surtout de ceux à brûler !

30 Il ressort donc des études des *cinq systèmes* que nous ve-

nons de voir : Qu'il fallait trouver les clefs pour fermer la porte aux inondations et aux dégradations des terres en pente, dan^s ces procédés complexes de prairies à pelouses, d'alluvions, etc ; les plus productifs, les plus économiques, doublement absorbatifs des eaux qui augmenteront énormément toutes les récoltes, les populations, les bois, etc.

31. A ces divers points de vue, comme envers nos autres importantes améliorations, ces moyens de prévenir les débordements, tout en fertilisant à peu de frais les terres en pente par les puissants charrois des eaux qui peuvent les décupler, et même centupler certains espaces de valeur, présentent de tels avantages, que seulement une des moindres de nos quatre grandes solutions, (chap. 1.) doit être plus que suffisante pour motiver sans aucun retard l'extension de ces prairies.

CHAPITRE 12.

—

VALEUR COMPARÉE DES EAUX bourbeuses et limpides; celles-ci sont une boisson ; celles-là sont un aliment. — Ignorance des engrais des eaux. — Deux espèces d'arrosages. — Nos prés ont faim encore plus que soif. — Moyens d'accroître la valeur des sources pour l'arrosage des prairies. — Art. de déblayer les grilles.

1. Il serait de la plus haute importance que les hommes qui ont à diriger la production des récoltes étudient les différents degrés de valeur de cet *immense élément* qui joue un si grand rôle dans tout ce qui végète ; qui contribue plus que tous les autres à la nourriture de tout ce qui a vie !

Mais c'est principalement en vue de nos quatre grands problèmes, et d'abord en vue des progrès de l'Agriculture, cette mère nourricière qui est la base des autres, que les sociétés modernes, et surtout les agriculteurs doivent s'éclairer des moyens de solution ; ce qui nécessite pour tous et en première ligne la connaissance de *la valeur des eaux.*

2. Nous avons déjà vu, chap. 5, ces sommes immenses de charrois, cette fertilité étonnante que les débordements torrentiels sont susceptibles de procurer aux terres, et qui vont se perdre dans les mers, excepté quelque faible partie, qui furtivement ou sans le concours des hommes, déborde et dépose sur certaines plaines basses des riches alluvions.

Ces débordéments naturels, l'admirable fécondité qui s'en est suivie sur une infinité de points du Globe, notamment sur le bord des fleuves et rivières, auraient déjà dû faire assez comprendre aux hommes studieux combien ces sommes incalculables d'eaux bourbeuses dédaignées et repoussées presque partout, sont en général ou qu'elles se produisent d'une valeur au dessus de ce qu'on peut entrevoir par les résultats que j'ai signalé chap. 9.

3. Chacun devrait en effet déjà voir, que si les peuples savent arrêter, combiner et repartir ces eaux avec leur charrois, pour propager sur les terres stériles en pente et en plaine ces puissants moyens que la nature nous fournit pour y constituer la couche végétale et féconder le sol, que s'ils peuvent du moins utiliser sur les terres la plus considérable partie de cette immense valeur, *les sociétés auront fait la plus importante des conquêtes qui leur soit matériellement possible de faire !*

4. Malheureusement les populations qui s'occupent de l'agriculture n'ont pas encore tourné leurs regards vers ces inépuisables richesses. Ignorantes de la valeur de ces eaux, repoussées par divers obstacles (voir chap. 1, 4, 7, 10, 12, etc.) elles n'ont rien fait vers ce but, et nous sommes encore à cette facheuse position que notre patrie a partout laissé cet élément de son avenir se perdre dans les mers ! jusqu'à fermer les écluses des canaux pendant les fortes crues, tandis que pour

le moindre filet d'eau limpide, les propriétaires s'engagent réciproquement dans des procès les plus ruineux,

5.   Les causes de cette avidité, en ce qui touche les arrosages des prairies par les eaux limpides, et de cette indifférence pour les eaux torrentielles, proviennent de ce que celles-là produisent sur la végétation un effet immédiat pendant la sécheresse et ce moment là presque aussi sensible que les eaux bourbeuses.

Celles-ci n'arrivant qu'à la suite des pluies, leur valeur comme engrais n'est guère connaissable que dans 7 à 8 mois, et des parties plus tard, dans 1, 2, 3, etc, ans après, c'est-à-dire que les charrois bourbeux, constituant le sol, agissent d'une manière indéfinie où le cultivateur trop borné n'a plus l'idée d'apprécier ces résultats,

6.   En d'autres termes, les eaux bourbeuses, quoique jouissant de toutes les facultés *de cimentation, de dissolution et de composition chymique des végétaux, plus de leurs charrois infiniment précieux*, ne sont appréciées qu'en vue de ces premières qualités, attendu que la routine n'a jamais su distinguer ces derniers avantages.

La cause en est, dis-je, que ces eaux n'arrivant qu'après que le sol est suffisamment imbibé par les pluies et qu'il peut par cet avantage fournir une végétation spontanée sans autre secours, et que le cultivateur qui n'a pas le soin de sonder les effets avantageux que produisent ensuite ces précieux charrois, ou la fécondité que les alluvions procurent plus tard au sol, semblable au malade qui repousse tout traitement qui n'opère pas de suite, ou à l'imprévoyant qui ne veut rien faire pour l'avenir, il abandonne de même ces eaux régénératrices comme un objet inutile.

7.   C'est cette pernicieuse ignorance de la valeur des eaux bourbeuses comme engrais qui fait dire aux cultivateurs pendant les saisons où tous nos cours d'eau débordent ; lorsque tant de terres et de précieux fumiers s'enfuient par centaines de millions de mètres cubes vers les mers (voir chap. 5 art.

9, 10, 14) *mes prés n'ont pas soif!* absurdité des plus rui-
neuses, qui est une des causes majeures que notre agriculture, et avec elle nos autres plus grandes améliorations, se
trouvent encore dans ce grand siècle de découvertes réléguées
à un si bas degré d'enfance qu'il est difficile de comprendre
l'énormité des perfectionnements que la France et même plusieurs autres peuples doivent encore accomplir!

Hâtons-nous donc de détruire des erreurs donc les conséquences sont si préjudiciables à tant de peuples, erreurs qui
combinées à certaines autres fausses pratiques culturales ont
déjà produit la ruine de plusieurs millions d'hectares des
terres en pente en constituant les inondations!

Que les hommes qui doivent faire produire le sol sachent
donc au plutôt que si pendant les pluies les prés n'ont pas soif,
ils ont faim; qu'il leur faut cet aliment réparateur que les
eaux torrentielles doivent y transporter en y constituant la
couche végétale, sinon de la manière qu'elles ont déposé
cette couche sur les plaines qui longent nos fleuves, (voir
chap. 5, art. 4, 5) mais par cette simple et si multiple entrave absorbante que ces éponges pelouses offrent aux irrigations.

9. Que les cultivateurs et surtout les enfants de nos écoles
(voir chap. 19 art. 6, 9, 10, 12) sachent au moins distinguer
deux espèces d'arrosages très différents par leur valeur et par
leurs résultats; 1º l'arrosage qui dans toutes les saisons qu'il
se produit fertilise plus ou moins les terres, si l'on dispose
des engins pour retenir les eaux et leur charrois, tels que
les pelouses des prairies qui se trouvent bientôt comblées par
l'alluvion; ce qui exhausse ainsi le sol et le fertilise pour
toujours, c'est l'arrosage par les eaux bourbeuses ou torren
rentielles, eaux mille fois plus abondantes que les eaux limpides, et qui sont malgré leurs grands avantages complètement abandonnées.

2º L'arrosage par les eaux limpides des fontaines, des réservoirs ou des cours d'eau, arrosage qui humecte les terres,

dissout et combine les principes de la végétation pendant les temps de sécheresse, si toutefois le sol se trouve assez pourvu d'engrais, mais qui faute de cette condition ne produirait presque rien, parce que cet arrosage, sauf quelque bonne source, porte généralement très peu de ces matières organiques spécifiées chap. 5, art 6, 12; aussi est-il sous tous les rapports infiniment inférieur au premier.

10. Mais diverses causes (chap. 7, 8, 10, 13, 19, etc.) ayant empêché de distinguer la différence de ces deux arrosages, ou de combiner des moyens pour s'emparer des charrois du premier, les cultivateurs attachés presque tous à l'ancienne routine pastorale ont resté fascinés dans cette idée absurde qu'une fois que leurs prairies sont humectées elles n'ont plus besoin de rien.

11. Sans penser que le sol épuisé par l'absorption continuelle des fourrages, ou des mêmes principes qui les produisent, devient bientôt stérile ; sans comprendre qu'on aurait beau tenir les prairies constamment imbibées, si les eaux qu'on y distribue ne portent quelques matières organiques ou quelques principes fécondants, et si le sol est épuisé, ces prairies ne produiraient presque rien.

Nous avons sur les prairies en pente comme sur celles en plaine, une infinité de ces exemples de stérilité où les eaux sont néanmoins toujours abondantes, avec de bonnes conditions sanitaires (voir chap, 14, art. 3) tandis que d'autres parcelles qui se trouvent à position de recevoir fortuitement des eaux bourbeuses seulement une fois dans deux ans, quoique ces parcelles n'aient d'autres eaux que les pluies tout le restant de l'année, elles donnent à la première coupe d'abondants produits ; mais l'intelligence si peu cultivée de l'homme des champs (voir chap. 19) n'a jamais été renseignée sur les causes de cette différence des récoltes.

12. J'ai aussi vécu plusieurs années dans cette ignorance qui a tant retardé nos grandes solutions, et que je serais heureux de déraciner ; pour cela, il faut que les propriétaires qui

pourront apprécier les observations que je leur adresse, tâchent de préparer au plutôt les engins pour faire cette précieuse conquête de limons et matières organiques que porteront ensuite à peu de frais les eaux bourbeuses. Il suffira que ces eaux aillent régulièrement et en aussi grande quantité que les pelouses en pourront recevoir ; *cela à toute saison et à toute heure qu'elles se produisent.* (*)

Qu'au moyen de digues-à-grille pour le triage des graviers (voir chap. 7, et ci-après art. 19) plus d e grands et petits canaux d'irrigation, canaux dont il est nécessaire que le nombre et la capacité soient en moyenne environ *vingt fois* plus considérables que ce qu'ils le sont actuellement pour le même espace de prairie.

Cette augmentation de capacité des canaux pour la même contenance arrosable est nécessaire, d'une part le plus grand volume d'absorption de ces eaux bourbeuses qu'on retient avec des pelouses bien fournies ; ensuite lorsqu'il ne s'agissait que d'humecter les prés par des eaux limpides, on avait le temps d'imbiber tantôt une parcelle tantôt une autre, et une moindre quantité d'eau remplissait ce but, tandis que pour les irrigations torrentielles il s'agit d'autre chose que d'arroser, on doit fertiliser, constituer ou épaissir la couche végétale ; et pour cela le plus qu'on peut absorber de ces eaux bourbeuses, passeraient-elles sur les prairies en napes très épaisses, il suffit que les courants n'aient pas la force d'arracher les fourrées d'herbes, celles-ci plient un peu sous le poids des eaux, mais elles s'emparent dans leur épais tissu, d'une bonne couche d'alluvion, couche moelleuse et perméable dont précisément la partie la plus versée se trouve ensuite la plus productive !

On peut en effet remarquer que c'est aux positions où dé-

(*) Je dois toutefois observer que les meilleures sont celles qui viennent à la fin de l'été, l'automne ou l'hiver, soit les premières et les plus fortes crues qui lavent le sol azoté par le soleil ou fumé par les animaux ou les divers insectes qui périssent après la saison des chaleurs. *(voir chap. 5, art. 7, 8)*

bouchent les tranchées soit en un mot là où on a fait passer le plus de ces eaux troubles que le sol est le plus productif ; cela sur les prairies en pente encore mieux que sur les prairies en plaine. (voir chap. 14, art. 3, 4 et chap. 15, art. 4.)

13. MOYENS D'ACCROITRE LA VALEUR DES SOURCES POUR LES ARROSAGES DES PRAIRIES. A l'occasion des arrosages, je dois joindre à ce croquis un moyen d'utiliser les sources ou les autres petits filets d'eau, qui deviendront ainsi d'un secours beaucoup plus considérable pour l'agriculture, et particulièrement pour tenir en vigeur certaines parties des prairies là où la sécheresse arrête la végétation, car au moyen de l'augmentation de ces eaux, résultât de l'infiltration que nous avons vu chap. 9, art. 10, sur les montagnes , plus du moyen que je vais indiquer , on pourra facilement imbiber des étendues CENT fois plus considérables que ce qu'on en arrose actuellement.

14. Pour celà, comme les sources se trouvent pour la plupart trop faibles pour être répandues sur les étendues des prairies dont on désirerait imbiber le sol ; on avait pensé de remédier à cet inconvénient , en réunissant ces eaux dans des *réservoirs* d'où une personne va les déverser en volume plus suffisant, afin qu'elles atteignent sur de plus grandes étendues.

15. Mais comme ces réservoirs se trouvent souvent éloignés des habitations , on ne peut au moment qu'ils sont pleins et encore moins la nuit , être là aux heures qu'il faudrait pour ouvrir ou fermer à ces eaux ; de sorte que ces arrosages sont pour la plupart ou abandonnés, ou ne rapportent qu'une très faible partie des revenus qu'ils pourraient fournir aux prairies.

16. Pour obvier à ces deux inconvénients, je voulus chercher un moyen simple et peu coûteux par lequel je suis arrivé à faire *ouvrir et fermer* les réservoirs par les eaux elles-mêmes qui se répandent ainsi infiniment plus, ce qui présente de tels avantages qu'il sera facile d'établir avec cent fois plus de profit des réservoirs partout où jaillit le moindre filet d'eau ou de tenir imbibé des étendues cent fois plus vastes.

17. Pour faire ainsi boucher ou déboucher les réservoirs, je

place une cuve H. fig. 4 à l'extrémité d'un levier A., B. levier qui appuie sur un point fixe F. du parapet du réservoir de la même manière que le levier d'une balance, dont à l'autre extrémité de ce levier se trouve suspendu le bouchon E. Ce bouchon est simplement une boule qu'on fait tomber verticalement sur l'ouverture de la trompe du réservoir, au moyen de points fixes placés de manière que la boule E. qui se trouve suspendue au dessus ne puisse tomber sur les côtés.

Lorsque le réservoir est plein, il se déverse par un chaînon ou tuyau C. qui porte le trop plein dans la cuve H, cuve dont le poids augmente peu à peu et fait bientôt baisser ce côté de cette espèce de balance et soulève par le même mouvement le bouchon ou boule E. qui ouvre ainsi au réservoir. Par ce moyen les eaux sortent en volume si considérable que ce qu'on le désire; puisque leur fuite dépend de l'ouverture plus ou moins grande sur laquelle tombe la boule E. Cette ouverture doit avoir exactement la même forme, doit être taillée au tour par la même section sphérique que la boule E. afin que celle-ci y adhère et bouche parfaitement.

La cuve H. est percée d'un trou ou pertuïs qui doit toujours moins débiter d'eau que ce que le trop plein du réservoir en fournit par le chaînon C. cette cuve se vide donc dès que le réservoir est débouché et qu'il ne déverse plus par le haut : Mais le bouchon ou boule E. qui pèse plus que la cuve H. vide, retombe bientôt par son propre poids sur l'ouverture de la trompe et bouche de nouveau le réservoir. De sorte que ce jeu continue jour et nuit, par le seul travail des sources sans qu'on soit obligé d'aller boucher ou déboucher.

18. Quoique l'importance de ces arrosages par réservoirs soit infiniment moindre que celle des arrosages par les eaux bourbeuses, ces irrigations peuvent toutefois faciliter l'extension et le produit des prairies, en empêchant certaines herbes de périr, principalement sur les espaces rocheux, graveleux, où la sécheresse de l'été arrête la végétation, où, on ne pourrait

sans arrosages tenir si bien les pelouses en vigueur.

19.   ART DE DÉBLAYER LES GRILLES. Dans le cas où les eaux traînent beaucoup de feuilles d'arbres et autres débris végétaux, ces débris risquent d'obstruer les ouvertures de grillages que j'ai décrit chap. 7, art 10, etc. ce qui pourrait parfois interrompre certains arrosages. Il est toutefois pour ces cas un moyen facile de tenir les ouvertures déblayées, et de faire exécuter ce travail aux eaux, de manière que rien ne puisse boucher les grilles ni interrompre les irrigations.

20.   Pour cela j'établis à une certaine hauteur au dessus à des supports A. B. figure 5, qui servent de parapet aux grilles, *un cylindre ou peigne tournant* D. E., comme ce cylindre est armé d'autant de palettes H munies de pointes à la cime qu'il y a d'ouvertures aux grillages, l'eau des courants pousse ces palettes et fait tourner le cylindre, les pointes qui avancent plus que les pelles font alors l'office d'un peigne. Chacune de ces pointes passe entre deux barreaux qui lui correspond ; de sorte que par ce mouvement de rotation que l'eau donne elle même au cylindre, ces pointes qui pénètrent convenablement entre les grilles, tiennent les ouvertures constamment ouvertes. On peut voir à côté de la figure 5 une de ces pelles détachée H.

21.   Cette machine ou *peigne* à déblayer les grilles est très simple, le tout peut être construit en bois, ou du moins les parties principales, telles que l'axe, les pelles, les rayons, etc. en sorte qu'on peut les établir sur les petits torrents pour environ cinq francs de dépense ; mais on conçoit qu'il faut selon la force des cours d'eau donner plus ou moins de solidité à ces engins, plus ou moins de longueur, aux rayons et au cylindre, un plus grand nombre de pelles selon le nombre des barreaux, des grilles, etc.

On peut disposer ces machines, de manière que si les fortes crues risquent d'atteindre à la hauteur du cylindre, celui-ci puisse se tourner sur le côté le plus à l'abri des eaux ; il suffit pour cela que le palier, du côté qu'on veut que la machine se mette à l'abri, puisse tourner et que l'axe poussé par la force du courant se détache du côté opposé.

CHAPITRE 13.

—

ENTRETIEN DES PELOUSES. Déplorable pratique touchant le pacage. — Bestiaux nourris à l'écurie, 7 avantages. — Garanties des fermiers envers les pelouses et leur irrigation.

1. Rien n'est plus pressant ni plus nécessaire que de couvrir nos terres, et surtout celles à forte pente, de vastes étendues de prairies à pelouses, pour y faire la conquête des alluvions des eaux, et pour résoudre en même temps nos trois autres plus grands problèmes !

Dans ce but, il est donc indispensable de savoir multiplier et conserver ces pelouses sans lesquelles les prairies et nos autres améliorations crouleraient d'elles-mêmes ; car il faut pour établir, conserver et rendre ces prairies productives, du moins sur les contrées stériles, qu'elles puissent absorber autant que possible des eaux bourbeuses ; il faut que les fanes, les racines et tout le vaste tissu spongieux que forment les herbes et leur détritus, présente toutes les conditions les plus avantageuses pour retenir ce précieux charrois chap. 5 qui enrichit le sol proportionnellement au volume de ces courants bourbeux qu'on peut y infiltrer. (voir chap. 12, art. 12.)

2. Tandis que si les prairies sont rasées, nues de gazons, si, comme cela arrive souvent avec le pacage, il ne reste sur les prés que la terre durcie par le piétinement des bestiaux, qui coupent les herbes très près du sol ou les arrachent, les eaux avec leur précieux charrois glissent sur ces surfaces en pente où rien ne les arrête, et au lieu de laisser leur précieux butin sur le sol, elles vont occasionner plus bas des débordements

presque aussi dangereux que ceux que forment les terres lavées par les ravines.

3.   Nous voyons sur nous quoique en petit des exemples d'absorption et de répulsion des eaux qui seraient assez démons-
tratifs pour quiconque en calculerait l'immense proportion.
Ainsi un manteau bien fourré, ou une peau de mouton cou-
verte de sa laine, absorbent un volume d'eau proportionnellement considérable, si on les compare à un manteau verni.

Nos contrées excoriées laissent de même ce précieux élément
s'enfuir et entraîner avec lui tous les engrais les plus précieux
qui se trouvent à leur surface !

4.   Mais comme ce manteau fourré, ou cette toison peuvent
être représentés presque à l'infini sur plusieurs millions d'hectares d'étendue de nos terres en pente ; ces étendues absorberont des milliards de mètres cubes de ces eaux, et nul doute que de si vastes étendues que nous avons à gazonner (voir
chap. 2, 8, 9, 10, etc.) ne puissent *tout en faisant leur riche
conquête d'alluvion servir de base à l'agriculture, et empêcher
les ravages sur les terres en pente avec ceux des débordements
de nos fleuves.*

Les pelouses étant plus spongieuses que nos manteaux four-
rés réunissent de plus d'autres qualités infiniment précieuses :
d'abord celle de constituer la couche de terre par les alluvions
ou par le détritus des herbes ordinairement très perméables ;
1º pour l'absortion des eaux qui pénétrent ainsi à travers le sol
comme dans des éponges ; 2º en faveur de la végétation qui
ne pourrait pas plus que nous vivre privée d'air, ni croître
sans cet agent ; 3º la qualité de pouvoir avec les alluvions
dont les herbes s'emparent, multiplier ces peluches et les rendre ensuite peu à peu très productives sur les terres graveleuses ou stériles, toujours au profit de nos quatre solutions.

5.   Il est donc de la plus haute importance, et même indispensable que les déclivités de nos montagnes soient couvertes
en si grande étendue que possible de ces prairies fourrées
et irrigables. Pour arriver à ce but, il faut, excepté au mo-

ment des coupes qui se font précisément l'été, où ces eaux torrentielles se produisent très rarement, qu'on tienne les prairies continuellement *garnies de gazons* et pour cela *exemptes de pacage* l'automne, l'hiver et le printemps.

6. Cependant une aveugle routine que nous a légué l'ancien régime pastoral et nomade de faire manger après les coupes du fourrage, les herbes ou pelouses que produisent ensuite les prairies, aux bestiaux gros et menus pendant l'automne et l'hiver, se trouve si invétérée par ces anciennes pratiques que malgré les éminents avantages que ces pelouses y réunissent, il sera difficile surtout dans les pays les plus arriérés des montagnes d'y faire apprécier à l'ignorance, combien ce pacage destructeur est contraire à ses propres intérêts, et à l'avenir de ces pays!

Il est toutefois facile à comprendre que le piétinement, surtout lorsque le sol est amolli par les pluies ou par le dégel, durcit la surface des prés, la perce d'écorchures, et la rend si imperméable, si abrupte, que celui qui réfléchit à peine à comprendre comment quelque chétive coupe de fourrage peut ensuite se constituer même sur les meilleures terres; et on se rend bien plus facilement raison pourquoi tant de prés ont péri (voir chap. 8, art. 8, ceux que j'ai rétabli) pourquoi des millions d'hectares seraient des belles prairies, si on banissait ce mauvais traitement.

7. Les bonnes herbes, les graminées par exemple, dont les frêles racines tiennent le moins au sol, sont arrachées; le trefle et les luzernes sont rongées dans leur ocilléton jusqu'à la racine par la dent meurtrière des bestiaux, qui font périr immédiatement ces herbes. Tandis que les mauvaises espèces que les animaux délaissent, telles que les broussailles, les chardons, les ajoncs, etc., envahissent les prés, tellement que, sauf sur les terres enrichies par les fontaines ou autrement, où la faux trouve encore quelques bonnes herbes, on est bientôt obligé d'abandonner peu à peu de vastes parcelles de prairies vu qu'on n'y trouve que des mauvais végétaux.

8.   D'un autre côté, le pacage s'oppose aux irrigations torrentielles et autres, d'abord parce que le piétinement, lorsque la terre est imbibée, dégrade d'autant plus les prés et c'est une raison pour que la vieille routine se prive d'y mettre des eaux! Mais une autre raison encore plus préjudiciable, c'est qu'on craint que les eaux bourbeuses ne salissent les herbes, et cette routine et surtout les fermiers se garderaient bien de faire couvrir ou salir ces gazons par des eaux troubles!

De sorte que tout ce système pastoral tend à la ruine des prairies, et avec la perte de cette base, à la ruine de l'agriculture, à celle du sol en pente et au progrès des inondations; car ce n'est que les terres qui sont très fertiles qui peuvent résister à ce pacage et reproduire chaque année de nouvelles coupes! (voir chap. 12, art. 11) Aussi, sauf les terres très riches qui sont arrosées furtivement par des eaux bourbeuses ou par de bonnes sources ou celles qui sont fumées, aucune autre terre ne pourrait produire avec les mauvais traitements que l'ignorance leur fait éprouver: Tandis qu'environ les 9 dixièmes du sol, qui au moyen de mes procédés peuvent donner de bonnes récoltes de fourrage, ne pourraient absolument rien produire traité selon ce vieux régime de destruction; et c'est ce qui explique comment il sera facile de décupler les prairies actuelles!

9.   On trouve diverses parties du sol où sont des preuves évidentes d'anciennes prairies qui ont été abandonnées par cause de dégradations du pacage, combiné au manque des irrigations torrentielles. J'en ai rétabli moi-même (voir chap. 8, art. 8,) qui par les mêmes causes avaient été forcément abandonnées vu que la faux n'y trouvait plus rien de bon à couper. Tandis qu'actuellement elles me donnent de bonnes récoltes de fourrage de plus en plus abondantes.

10.   Combien est-il donc nécessaire, du moment que nos quatre grandes solutions trouvent là de si faciles et si lucratifs moyens, et en vue de la prospérité de l'agriculture de

ces pays si maltraités par les ravines, (voir chap. 4, art 9) d'y créer cette base de nos récoltes? En abolissant d'abord sur les prairies qui existent sur les terres en pente cette pernicieuse pratique du pacage, qui les ruine, qui s'oppose à leur irrigation, les prive d'absorber les eaux qui peuvent les enrichir, et par suite à leur extension sur les terres arides.

Tandis que nos vastes espaces stériles ainsi enrichis par les alluvions combinées au détritus des pelouses (voir chap. 6) pourront sur beaucoup de ces terres improductives, les centupler de valeur, en y constituant nos autres plus importantes solutions!

11. BESTIAUX NOURRIS A L'ÉCURIE. 7 AVANTAGES. En présence de ces grandes pertes que le pacage fait éprouver aux prairies, à leur produit et à leur extension, il faudra, pour obvier à ces inconvénients qui s'opposent d'une manière si radicale à la solution de nos grands problèmes, abolir sur les prés un si préjudiciable régime, et se borner à faire dépaître les troupeaux sur les montagnes, au dessus des prairies, ou sur les lieux qu'on ne pourra arroser; sinon là où on n'aura pas de ces pacages, on aura plus de rapport de faire manger le produit des prés à l'écurie en vert ou en sec, attendu que ce système qui est déjà pratiqué dans beaucoup de pays des plus avancés en agriculture, réunit ici de plus grands avantages, dont un seul des 7 principaux que je vais signaler doit suffire pour obliger les propriétaires à l'adopter.

12. 1° On peut en préservant les prairies du pacage les multiplier environ *dix fois plus* sur une infinité de positions stériles en pente (chap. 14) et en plaine (chap. 15) positions où on ne pourrait ni les établir ni les conserver sans le système fertilisant qu'offrent les pelouses où leur détritus combiné aux alluvions.

2° On pourra par cette multiplication de prairies, ou par la fécondation des anciennes obtenir dans plusieurs localités, comme je l'ai obtenu moi-même, environ huit à dix fois plus de fourrage qu'auparavant.

3° Les prairies ainsi fertilisées, on y obtiendra en même temps d'autres récoltes (voir chap. 6, art. 8, 9) parce que les fécondants charrois des eaux dans les pelouses enrichissent le sol et le rendent très perméable et très fertile, tandis que le pacage l'épuise, le durcit et n'y laisse plus les herbes pour retenir les eaux, ni pour s'emparer de leur engrais. De sorte que la vieille routine qui croit ces herbes perdues si elle ne les fait pacager, perd l'avenir de ses récoltes ; car si on tire pour *un franc* de valeur de ce pacage, on en perd plus de *cinquante* sur le revenu des propriétés ou sur les récoltes futures, et on détruit même complètement les neuf dixièmes des prés qu'on peut établir sur les terres maigres, ou stériles qui ne pourraient résister à ces pratiques si pernicieuses, de tirer toujours du sol sans rien lui donner ; car par le système actuel de pacage des pelouses, on agit à peu près avec le même préjudice que celui qui voudrait tondre ses moutons chaque jour de l'automne et de l'hiver ; il est évident que les animaux en souffriraient beaucoup du froid et de toute manière ; que la laine en serait bien diminuée à la récolte de juin ; que la plupart de ces bêtes en périraient. Nos prés, quoique n'ayant pas la même sensibilité que ces animaux, sont à peu près aussi dégradés envers leur dépérissement, et envers la perte de leurs récoltes ; mais ce qui est encore pire : c'est qu'au point de vue de la conquête des alluvions, de la préservation et fertilisation du sol que ces prés doivent occuper, (ch. 6) du progrès de toutes les récoltes (chap. 2) en vue de prévenir les inondations, etc. il est évident que rien ne combattra jamais assez fort cette funeste pratique.

13.   4° Puisqu'on peut obtenir jusqu'à dix fois plus de fourrage, dans diverses localités de nos terres en pente , on pourra donc soigner à l'écurie, en les traitant beaucoup mieux , environ 5 à 6 fois plus de bestiaux, ce qui produirait 5 à 6 fois plus de revenu, tout en procurant aux populations l'abondance de la viande de boucherie, et de toute espèce de produit résultant des fourrages.

5° Les animaux ayant plus de repos à l'écurie sont plus promptement engraissés.

6° On obtiendra par le surplus des bestiaux et par leur séjour à l'écurie environ dix fois plus de fumier de ferme, fumier qui, comme chacun sait, est l'agent le plus actif pour accroître presque dans les mêmes proportions toutes nos récoltes.

14.   7° On évitera les frais de la garde des troupeaux, le surplus de ce que coûte le soin à l'écurie, et même on aura en dehors proportionnellement moins de frais de culture des fourrages, puisque si la même étendue en produit par exemple 3 ou 4 fois plus,,on en a aussitôt coupé ou ramassé la récolte que lorsqu'il n'y en avait que 1|3 ou 1|4, etc.

15.   Enfin diverses autres raisons de premier ordre militent en faveur de l'abolition du pacage sur les prairies; et ne serait-ce que la nécessité absolue de couvrir le flanc des montagnes pour les mettre à l'abri des terribles ravines qui les ont déjà amenées dans un si triste état ; ne serait-ce encore qu'en vue d'y faire la conquête des alluvions, ou d'y mettre un terme aux terribles inondations des vallées, rien ne s'aurait accélérer assez une aussi indispensable transformation.

16.   GARANTIES DES FERMIERS ENVERS LE PACAGE DES PRAIRIES. Les propriétaires qui exploiteront eux-mêmes leurs terres, reconnaîtront bientôt le surplus de revenu que donnent les pelouses combinées aux arrosages bourbeux, et pourront par conséquent se priver d'un pacage si contraire aux revenus des prés ; mais lorsqu'on est obligé de recourir à des fermiers, il est difficile de les priver de faire manger les herbes qui poussent à la fin de l'été, ou l'automne sur les prairies ; et cette difficulté est encore plus sérieuse lorsque ces fermiers sont à la veille de quitter les propriétés. Il est par les mêmes raisons encore très difficile de les faire concourir à y répandre dessus des eaux torrentielles, parce que ces eaux en déposant leur charrois dans les fanes des herbes couvrent de limons et autres matières fertilisantes un pacage que ces fermiers voudraient donner à leurs troupeaux. Tandis que

ces pelouses ainsi couvertes ou combinées avec les alluvions constituent pour le maître l'avenir des propriétés et des récoltes futures (voir chap. 5, 6).

17. Il faudra donc par des actes en bonne forme obliger les détenteurs à titre précaire, en attendant que notre code rural ou de nouvelles lois plus en harmonie avec les importantes améliorations que la France doit effectuer, à tenir en bon état les prairies et les irrigations, surtout en vue de l'année que ces détenteurs doivent délaisser.

Le fermier à long terme nécessitera moins, les premières années, d'être surveillé; si toutefois il a la capacité d'apprécier les bénéfices que pourront lui fournir par l'augmentation des fourrages et des autres récoltes, le détritus de ces pelouses enfouies ainsi dans les alluvions des eaux.

18. Le maître doit toutefois prévoir le jour où ces détenteurs précaires abandonneront ces prairies, et faire, s'il le faut, une première fois quelque sacrifice pour obtenir des arrosages réguliers par les eaux torrentielles, en même temps que l'entretien des pelouses pour retenir ces eaux, d'abord sur les prairies anciennes, et surtout sur les nouvelles à établir (voir chap. 14). Ces sacrifices ne seront rien à comparaison du revenu (voir chap. 17 art. 12, 16) et de la portée que pourront avoir pour l'avenir des héritages ces puissants moyens de prévoyance pour l'augmentation progressive des récoltes, et en vue de nos autres importantes améliorations! (voir chap. 1)

CHAPITRE 14.

Création des prairies à pelouses. — Avantages qu'elles donnent sur les terres en pente. — Rénovation des anciennes prairies. — Alternat des récoltes.—Fenasses et graines fourragères.

1. Nous avons vu chap. 2, qu'il manque à la France, autant sous le point de vue agricole que sous le point de vue d'une large solution des trois autres grands problèmes qu'elle doit résoudre, environ deux fois plus de prairies que ce qu'elle en a actuellement. Il nous reste donc à voir l'art de créer les prairies à pelouses qui doivent combler ces grands vides, et à indiquer d'abord sur qu'elles positions il est le plus urgent de les établir ?

2. J'ai déjà expliqué chap. 3, 4, 6, et 13 les raisons principales qui rendent ces pelouses d'une nécessité absolue *sur le sol en pente* ; 1° comme *préservatifs de ces terres* ; 2° comme *absorbant des inondations* ; 3° comme *conquérantes des inépuisables charrois des eaux.*

Mais il est encore d'autres motifs de premier ordre qui doivent obliger les peuples à couvrir le flanc des montagnes de ces pelouses spongieuses plutôt que les terres en plaine.

3. C'est en effet sur les terres en pente que les arrosages torrentiels sur les prairies à pelouses semblent destinés par la création, car c'est là que cette culture primordiale est le mieux appropriée, puisqu'on ne risque jamais de trop arroser des prairies dont la déclivité garnie de gazons moelleux combinés aux charrois des eaux, ne se constituent que mieux d'une couche végétale, souple, fertile et perméable, perméabilité si nécessaire à la végétation ! et qui favorise les récoltes fourragères avec les arbres à fruit d'une manière admirable ! ce

qui explique ce fait, c'est que l'air peut toujours s'introduire dans le sol avec les napes courantes et il pénètre encore mieux dans ces souples gazons. Tandis qu'en arrosant des plaines, les eaux restent parfois en repos ou stagnantes, et l'atmosphère ne peut communiquer aux végétaux, ces contrées seraient même improductives et insalubres, si on n'y prenait les précautions que nous verrons chap. 15, de donner un cours régulier aux arrosages.

4. On pourrait craindre que les terres en pente ne puissent retenir dans les pelouses les alluvions des eaux, aussi bien que les débordements les déposent dans les plaines, (voir chap. 5) ou encore que les prairies risquent d'être dégradées par les eaux; mais je dois observer qu'à quel degré de déclivité que soient situées ces gazons touffus, ils s'emparent toujours dans leurs fanes, dans leur détritus, et surtout dans leurs racines, de la partie la plus précieuse ou de ce qui leur convient le mieux du charrois des eaux.

Il est bon de remarquer encore, et beaucoup de riverains savent déjà, que des fourrées épaisses ont des facultés contre les courants torrentiels bien plus efficaces pour la préservation du sol, que les arbres et que les grands remparts qu'on pourrait élever. Ainsi, des fourrées souples sur les terres en pente, et sur les berges des rivières et torrents, défendent mieux le sol contre ces courants bourbeux que de fortes murailles, ces fourrées se couchent sous le poids des eaux, elles restent chaussées ou couvertes d'alluvion, et ne peuvent guère être attaquées que par éboulement.

Les herbes ainsi couchées repoussent ensuite au dessus des limons qui exhaussent et enrichissent peu à peu les terres; et celles-ci se trouvent de plus en plus à couvert des ravines; tandis que les murailles et autres barrières qu'on a la prétention d'opposer à ces courants impétueux, sont souvent abattues ou entraînées.

J'ai des parcelles au Vivier (voir chap 8) qui ont plus de 80 °|₀ de pente, et qui absorbent très bien les eaux bourbeuses et leurs charrois. Ces pelouses reçoivent parfois des courants torrentiels très forts et très rapides ; elles sont seulement courbées sous le poids des eaux, mais elles conservent néanmoins une couche d'alluvion qui s'épaissit chaque année en proportion de la force de ces pelouses et du charrois des eaux jusqu'à couvrir des rochers où aucune autre végétation ne pourrait vivre que par ce régime réparateur. Les herbes même attachées aux fissures des murs verticaux, ou sur les plus fortes pentes, s'emparent des alluvions, et y constituent d'épaisses mottes de terre végétale !

5. Il est donc bien établi que les pelouses sont sous tous les rapports le moyen pratique le plus efficace et le plus productif pour remplir les quatre grandes solutions proposées chap. 1. Or, tant de si grands avantages détermineront sans doute bientôt les propriétaires et les administrations à s'entendre pour bien diriger et établir sans retard ce genre de culture sur les terres à forte pente où peuvent atteindre les irrigations torrentielles, terres où, à cause de ces terribles dégradations des ravines, (voir chap. 1, 4, 10) le labourage, les défrichements et toute espèce d'ameublissement du sol devraient être interdits (voir chap. 18).

6. Les flancs de nos montagnes, malgré que les pluies torrentielles en aient déjà détruit ou emporté de vastes espaces, présentent encore une infinité de positions qu'on peut régénérer sans trop de frais, et même des étendues encore très vastes peuvent produire proportionnellement plus de rémunération, ou de revenu que quelle culture qu'on puisse y appliquer (voir chap. 17, art. 8 etc.)

On trouve sur le flanc des montagnes, sous le nom de pâtis, ou vaine pâture, broussailles ou bruyères, sol graveleux ou ravines lavées par les pluies torrentielles, etc, etc , de vastes étendues qui pour la France entière présentent une surface d'environ 8 millions 500 mille hectares, dont la pente dépasse 15 $^o/_o$; cela en sus des espaces occupés par les anciennes prairies, ou des rochers inaccessibles que les ravines ont dépouillés.

7.   C'est principalement sur ces terrains rendus presque tous stériles, par ces lavages torrentiels, et sur les zones inférieures où peuvent atteindre le niveau des canaux d'irrigation (voir fig. 3) où on peut disposer à l'époque des pluies de quelques arrosages bourbeux, que doivent être établies ces prairies à pelouses; et il suffira de pouvoir les bien gazonner, et d'y répandre ensuite abondamment de ces eaux fécondantes, autant de fois qu'elles se produiront dans l'année, pour y couper pendant l'été d'abondantes fauchées de fourrage, et même par suite de l'amélioration de la constitution de la couche végétale, de bonnes coupes de regain, avec des fruits de toute espèce, (voir chap. 5, 6, 12, 13).

8.   GAZONNEMENT DU SOL. Pour établir ces nouvelles prairies, on commence par ameublir la terre, soit en la labourant, si la surface est assez unie ; mais pour la plupart de ces collines abruptes, leur trop grande pente, de profonds torrents, des rochers ou des ravines les rendent inaccessibles au labourage, (voir chap. 10, art. 10 etc.) il faut unir le sol avec la pioche en comblant ces torrents et ravins, en y plaçant les pierres qu'on trouve en travers pour les aplanir ; soit pour y opérer le triage des graviers selon le procédé décrit chap. 7, art. 27, 28, et art. 8, 9.

9.   On doit effondrer la couche végétale, ou y mêler la terre de dessus depuis 4 ou 5 centim. d'épaisseur jusqu'à 40 ou 50 centimètres, plus ou moins selon que le sous-sol le permet ; car si sur quelque partie où la couche végétale se trouve profonde, on peut effondrer une base assez fertile, qui ait depuis 20 à 60 centimètres d'épaisseur, on pourra y semer cette première année des céréales ou des légumes, en même temps que les fenasses ou gazons. On pourra même, si on ne plante pas des arbres dans ces prairies, (voir ci-après art. 23) mêler aux semences des herbes à racine pivotante telles que les trèfle, luzerne, sainfoin, etc. qui plongent beaucoup dans la terre ; tandis que si le sous-sol est rocheux, schisteux, graveleux, etc. si on n'y peut obtenir que de 4 à 20 centim. d'é-

paisseur meuble, les céréales ne pourraient y prospérer excepté avec des arrosages. (voir chap. 12, art. 13, etc.)

Mais on ne doit pas, faute d'une couche végétale profonde, se priver de gazonner ces parcelles arides ; car il suffit que les herbes à racines traçantes, telles que les diverses espèces dites graminées, puissent prendre racine, et garnir un peu le sol dans les saisons pluvieuses, en mars, avril, mai, etc. pour couvrir la terre de leurs fanes ; il est ensuite plusieurs espèces d'herbes qui résistent à la sécheresse de l'été avec 3 ou 4 doigts d'épaisseur de couche.

Une fois que le sol est garni par les herbes, il suffit aux époques de grandes crues de répandre sur ces pelouses des quantités aussi considérables que possible de ces courants bourbeux. Par ce moyen la couche végétale quelque mince ou quelque mauvaise qu'elle soit dans le principe, pourra par ces dépôts successifs d'alluvions mêlés aux pelouses devenir par la suite assez profonde et aussi productive que celles des riches plaines qui ont été créées par les débordements de nos fleuves ; (voir chap. 5 art. 9 à 14) cela sans autre travail que celui d'une bonne direction aux eaux torrentielles, et sans autre fumier que celui que portent ces mêmes eaux.

10. Je dois observer, que dans les cas où il s'agit d'ameublir le sol sur des déclivités trop rapides, ou lorsqu'on peut craindre que les pluies torrentielles risquent d'emporter ces terres , on doit faire exécuter les travaux expliqués ci-dessus art. 9, dans les saisons où la végétation est le plus active, comme avril ou mai. On y met lorsqu'on le peut en semant, quoique ce ne soit pas d'une absolue nécessité, un peu de fumier, ou un stimulant de végétation afin d'activer cette première année les semences qu'on met en terre avant les gazons ; on mêle ensuite à ceux-ci ou aux fenasses, du trèfle ou de la luzerne qu'on répand sur le semis, soit du blé ou autres céréales du printemps. (voir pour la luzerne , art. 21 ci-après.) Ces grains doivent être enfouis à cinq ou six centimètres de profondeur , tandis que les gazons, le trèfle, la luzerne, etc. ne nécessitent qu'un léger hersage.

11.   Par ces prompts moyens, et par ces épaisses semences, les déclivités abruptes du flanc des montagnes labourées et dégradées par les torrents et ravins se trouvent en très peu de temps garnies d'une belle végétation, dont les racines lient et cimentent la terre et les fanes en préservent la surface.

On peut même, si le sol est bien garni de pelouses, commencer avec l'été de la même année à y répandre dessus des quantités d'eaux bourbeuses ou autres proportionnées à la résistance que ces fourrées peuvent offrir aux arrosages. De sorte que les terres ainsi gazonnées et couvertes d'une magnifique verdure présentent dans environ un mois *un modèle en petit de l'immense cataplasme spongieux, préservatif et conquérant, qui procurera l'abondance des récoltes, ou en un mot la solution de tous les problèmes que j'ai énoncé chap.* 1.

Car il est clair que le sol ainsi couvert de pelouses se trouve 1º préservé contre les pluies torrentielles ou les ravines; 2º la couche végétale s'y constitue en faisant la conquête des alluvions ou fumiers provenant des terres supérieures, dont la partie la plus féconde que les eaux y amènent vient peu à peu se cimenter à la surface; il est aussi clair que ces fourrées exercent une double absorption, d'une part les pluies et d'autre part les torrents qu'on y dérive, eaux qui auparavant contribuaient toutes aux *inondations*; 4º on obtiendra les fourrages qui nous manquent ou la source de nos récoltes.

12.   Il suffira donc d'établir ces vertes fourrées avec leurs grands et petits canaux d'arrosage sur les terres en pente, et sur des étendues aussi vastes que possible, de manière à doubler au moins dans 15 ou 20 ans les prairies que nous avons, ce qui donnerait une étendue de 7 à 8 millions d'hectares; étendue qui, bien arrosée par les eaux bourbeuses, produira déjà une solution très sensible à nos quatre importants problèmes.

13.   Les prairies anciennes pourront contribuer pour une bonne part à cette grande régénération, celles qui occupent déjà des déclivités de plus de 15 º|₀ ne doivent être défrichées

que pour y renouveler les herbes selon l'article 14 ci-dessous, et elles obtiendront une grande augmentation de produit, par les arrosages torrentiels des pelouses, ce qui pourra, dans les vallées surtout où ces prairies sont si négligées (voir chap. 7, 12, 13, etc.) donner environ 4 ou 5 fois plus de revenu (voir chap. 8, art. 7).

14. RÉNOVATION DES ANCIENNES PRAIRIES. Pour amener les prairies anciennes à ces augmentations de produit dont elles sont susceptibles, ou pour les fertiliser par mes procédés d'irrigations torrentielles sur les pelouses, il suffit pour celles où les plantes fourragères n'ont pas été trop dégradées par les bestiaux (voir chap. 15. art. 6. 7,) 1º de faire la dernière coupe assez à bonne heure; en septembre au plus tard, pour que le sol se trouve garni d'herbes pendant l'automne, l'hiver et le printemps, en les préservant pendant toutes ces saisons de ce pacage pernicieux qui les ruine; 2º de dériver ensuite sur ces pelouses des quantités aussi abondantes que possible d'eaux bourbeuses toutes les fois que les courants torrentiels en produisent, de manière à y en absorber environ *vingt fois plus* que par les arrosages ordinaires comme je l'ai expliqué chap. 12, art. 12.

15. ALTERNAT DES PRAIRIES AVEC D'AUTRES RÉCOLTES. Quand aux prairies dont les bestiaux ont déjà trop dégradé ou arraché les bonnes herbes (voir chap. 13, art. 6, 7) on peut, pour celles qui ne sont pas trop sujettes aux ravines, ou qui n'ont pas une trop forte pente (voir chap. 18, art. 3, 4, 5) alterner pendant trois ans et même plus avec d'autres récoltes, espèce d'assolement qui donne un bon rapport; car la première année, on obtient un bon blé sur la défriche des gazons soit qu'on brûle les mottes par le procédé qu'on appelle l'écobuage, soit qu'on renverse les mottes dans la terre en été pour semer en septembre. La deuxième année, on effondre jusqu'à 30 ou 40 centimètres de profondeur selon l'épaisseur de la couche végétale et selon que le sous-sol le permet. On met du fumier avec une culture améliorante, soit

des pommes de terre auxquelles on doit donner la préférence
à cause de leur abondante production sur des terres si re-
posées, soit d'autres légumes qui prospèrent aussi très bien.
La troisième année on obtient une bonne récolte en blé. Après
cette culture améliorante, on peut la semer en septembre ou
bien en mars et avril, et on répand ensuite les graines fourragères dans les saisons qui leur convient (voir art. 20 ci-
après) sur le blé en herbe avec un léger hersage.

16.   On peut encore au lieu d'alterner avec des légumes
poursuivre l'assolement avec des herbes fourragères telles que
du trèfle, de la luzerne, etc. et lorsque ces herbes commen-
cent à se perdre on y sème encore du blé, ensuite des pommes de terre dont le tout y prospère ordinairement mieux
que sur les meilleures terres à céréales.

17.   Si la terre meuble des prairies à régénérer risque par
sa trop forte pente d'être dégradée par les ravines torrentielles, au lieu de l'alterner par d'autres récoltes, on ne doit
l'effondrer qu'en avril ou en mai, briser et enfouir les mottes
dans la terre, unir la surface avec la herse ou avec un râteau,
et semer sans retard les graines fourragères avec d'autres
céréales, comme je l'ai expliqué ci-dessus art. 10, 11.

18.   GRAINES FOURRAGÈRES. Un proverbe dit : pour avoir
de la bonne eau , il faut aller à la bonne source. Il est aussi
juste de dire : que pour avoir de bons fourrages on doit employer de bonnes semences. On trouve toutefois beaucoup de
cultivateurs routiniers, qui sèment des fenasses du fond des
granges ; c'est une fausse pratique qui, bien qu'ayant une
moins pernicieuse portée que celles que j'ai expliqué chap.
7, 10, 12, 13, etc ; doit de même être laissée pour les peuplades sauvages des contrées hors d'Europe ; car il est clair
que ces diverses fausses pratiques de l'ignorance ont abouti
jusqu'àprésent par leur ensemble, à priver les peuples des
grandes solutions (chap. 1) qui doivent le plus concourir à
leur bien être.

19.   Les prairies à pelouses, qui à cause des vastes étendues

qu'elles doivent occuper sur les terres déclives où elles sont indispensables, (voir chap. 2, 3, 4, 10, 13. etc;) à cause des abondants produits qui résultent de la riche conquête qu'elles sont appelées à faire sur les eaux (voir ch. 5, 6, etc.) sont à ces titres appelées à remplacer les prairies artificielles (voir ch. 18, art. 2, 3, 4) et par ces raisons elles ne doivent pas être semées de même manière, c'est-à-dire que les premières qui auront à rester plus longtemps en permanence sur le sol, afin de le couvrir de leurs fourrées, afin d'y absorber les eaux pluviales et bourbeuses, nécessitent des semences qui aient une longue vie, avec des fanes plus touffues que celles qui doivent être défrichées dans deux ou trois ans après.

Cependant ces prairies à pelouses donnent plus de produits dans leurs premières années avec les herbes plus absorbantes des prairies artificielles, tout en nourrissant des gazons plus fins qui ont plus de chevelue, gazons qui peu à peu s'épaississent et remplacent les herbes à courte vie.

20. Dans ce double point de vue, je sème mes prés en trèfle, luzerne, sainfoin, etc. aux époques qui conviennent à ces plantes; le trèfle incarnat en avril; la luzerne en mai. Pour obtenir les pelouses touffues et de longue durée je ne répands qu'une demi-semence de chacune des deux espèces, soit si j'adopte le trèfle incarnat que 11 à 12 *kilog.* par hectare; et j'y sème en même temps des fenasses dites graminées, aussi demi-semence, soit de 35 à 40 *kilog.* par hectare, avec les autres gazons comme avec le trèfle. Le sainfoin mis en place de la luzerne ou du trefle nécessite trois hectolitres avec la même quantité de fenasses.

21. Pour la luzerne, comme on ne doit la semer que très tard, par crainte des gelées dont les moindres la tuent, on doit en place du blé mettre des cultures qui se sèment aussi très tard telles que des haricots à courte tige, des fèves, des poids, etc.

22. Dans tous ces cas, on peut obtenir la même année qu'on gazonne, du temps que les pelouses ou leurs racines se cons-

tituent, une récolte en grains ou légumes, sans porter un trop grand préjudice aux nouveaux gazons.

23. Il est bon de remarquer, dans le cas où on a des arbres à fruits dans les prairies, qu'on doit s'abstenir de mettre près de ces arbres des herbes à racines pivotantes telles que le trèfle, la luzerne, le sainfoin, etc. parce que ces plantes leur portent un grand préjudice ainsi qu'à leurs fruits; tandis que les herbes à racine traçante telles que les graminées ou autres herbes fines, semblent au contraire destinées à combiner le détritus de leur pelouse spongieuse, avec le charrois fertilisant des eaux torrentielles (voir chap. 6, art. 8, 9, 10) pour produire des arbres et des fruits des plus beaux, avec les fourrages en abondance.

CHAPITRE 15.

Fertilisation des terres en plaine arides et stériles.— Exhaussement du bord des cours d'eau et des étangs par les alluvions.— Assainissement ou drainage des terres par la charrue.

1. Les terres en pente pour lesquelles je viens de décrire le genre de culture qui leur est indispensable à des points de vue si éminents (voir chap. 3, 4, 6, 7, 8 10 à 14) ne sont pas toutefois les seules où il soit nécessaire d'amener les engrais et limons que charrient les eaux bourbeuses.

La France possède long de ses cours d'eau et dans plusieurs autres localités, de vastes espaces presque sans aucun rapport; les uns sont marécageux ou trop bas, et ont besoin d'être assainis, ensuite le sol doit y être exhaussé par les alluvions combinées aux pelouses, afin d'élever peu à peu ces terres au dessus du niveau soit des fleuves, soit des étangs voisins. D'autres plaines ne sont que des graviers arides laissés là par les fleuves, ou par les anciens bouleversements des mers sur le Globe.

Ces espaces stériles nécessitent aussi un mélange de limons et de pelouses pour être fertilisés ; souvent il leur faut de même un exhaussement qui encaisse les cours d'eau voisins.

2. Parmi les diverses couches du Globe que les géologues désignent sous les noms de terrains *primitifs, secondaires,* etc. on en trouve qui sont presque tout à fait stériles, et que les alluvions combinées aux pelouses auraient aussi bientôt abondamment fertilisées.

Ces espaces, en y comprenant des parties des Landes, de la Sologne, des Dombes, etc. représentent une surface d'environ *deux millions,* 500 *mille hectares,* espace qu'il sera facile d'amener à un bien haut degré de produit, tout en déchargeant nos fleuves de ce trop plein appelé les inondations.

3. L'amélioration de ces plaines arides, quoique moins urgente à opérer que celle des terres en pente, puisqu'à celles-ci le mal y devient chaque jour plus dangereux par les terribles destructions que les ravines y opèrent, et ensuite par la répercution de ces maux envers le débordement de nos fleuves, (voir chap. 4, art. 9, 10) nécessite toutefois qu'on leur applique au plutôt les grands moyens de fécondation qu'offrent les charrois bourbeux combinés aux pelouses, car ces charrois seront encore pour ces pays deshérités par les secousses violentes de la nature, une régénération de la plus grande importance !

4. Tant que les terres ont une pente suffisante pour l'écoulement régulier des eaux, elles se prêtent admirablement à ces arrosages des prairies à pelouses sur lesquelles on distribue facilement et on y absorbe de même de grandes quantités de ces eaux torrentielles et de leur précieux charrois. Ces eaux ont la faculté d'assainir parfaitement les terres par leurs lavages reitérés ; en chassent par leur marche plus ou moins rapide, certains gaz mal sains ou diverses matières en putréfaction, telles que les débris d'animaux, d'insectes, etc.

Mais lorsque le sol est trop en plaine, ou lorsqu'il forme de bas-fonds ou des cuvettes où se réunissent des eaux stagnantes, si ces eaux restent dans cet état plus de huit jours, elles deviennent pernicieuses, car les riches alluvions ou la bourbe qu'elles y ont déposé combinées à ces eaux elles-mêmes risquent de s'y convertir en de grands maux. Celles des inondations abandonnées à leur dérèglement au lieu de fertiliser le sol produisent de même de grands désordres ; mais toujours, les unes comme les autres, c'est la faute d'une intelligeante direction de la part de l'homme ; cependant chacun devrait déjà savoir que les eaux , où qu'elles séjournent croupissantes , surtout pendant les chaleurs, soit en lac, étang ou réservoir , se putréfient et deviennent insalubres ou épidémiques, en sorte que la santé des habitants peut en être gravement compromise. Le produit des plaines en souffrirait aussi énormément puisque la moindre nape d'eau stagnante y intercepte la communication de l'air qui est indispensable à la végétation, ce qui tue la plupart des plantes. (voir chap. 14, art. 3.)

5.   Ces divers inconvénients que j'ai déjà signalé chap. 11 envers les systèmes qu'on avait proposé contre les inondations étaient réellement insurmontables, et ce ne sera pas trop d'indiquer une fois de plus, *qu'on doit avant tout être assuré de la marche régulière des eaux* , à qu'elle condition qu'on puisse l'obtenir.

Les flancs des montagnes sont disposés admirablement pour cette régularité du mouvement des eaux. Quant aux plaines, on peut aussi parfaitement les assainir par les lavages des irrigations. Je dois dans ce but proposer un système de drainage qui consiste à donner au sol une pente régulière par de simples labours à la charrue , et qui est sous tous les rapports le procédé le plus économique, le plus avantageux et le plus durable, surtout pour le procédé d'arrosages torrentiels avec pelouses que je pratique.

6.   Par ce moyen on peut atteindre le triple but 1º de fertiliser les terres tout à fait stériles en y faisant déposer les riches alluvions que charrient nos cours d'eau (voir chap. 5);

2° *reconstituer la couche végétale* si épaisse qu'on voudra sur les graviers ou sur les terres arides ; 3° assainir aussi les terrains et exhausser ceux qui sont trop bas, par la marche régulière de ces irrigations bourbeuses.

7. Soit par exemple la parcelle de terrain limitée par le canal d'irrigation AA figure 6 et par le canal DD destiné à la fuite des eaux. Le premier doit être élevé autant que possible, de manière à porter les eaux d'arrosage suffisamment au dessus du niveau du canal de fuite DD ; car plus on peut obtenir de pente et plus les arrosages sont réguliers.

8. Après avoir levé le plan des espaces à fertiliser, et discuté les positions les plus avantageuses pour les deux grands canaux, celui d'arrosage et celui de fuite ; on doit ensuite diviser le terrain par parcelles, soit EF, FE plutôt longues que larges, de manière qu'elles soient propices, 1° pour l'irrigation, 2° pour le labourage, et 3° pour l'écoulement régulier des eaux. De 20 à 30 mètres sont à peu près la *largeur* qui convient aux trois conditions ci-dessus ; quand à la *longueur*, elle peut varier à volonté, selon la position des lieux, selon les sinuosités du terrain, selon son étendue, etc., etc.

9. Les grands canaux AA, DD doivent être construits les premiers, ainsi que les rigoles d'écoulement EF ; en creusant le canal DD ou les rigoles EF, on doit utiliser les déblais à faire les remblais, c'est-à-dire utiliser la terre à élever aussi haut que ce que son niveau le permet le canal AA, soit à faire un petit remblai autour des parcelles EF, FE.

10. Je dois observer que ce remblai autour n'est pas nécessaire si le sol peut dès le principe nourrir une pelouse, ne serait-ce que pendant la saison pluvieuse, pelouse qui retiendrait ensuite, pendant l'automne et l'hiver les alluvions amenées par les eaux bourbeuses. Mais dans le cas où c'est un gravier tout à fait stérile, ou qui ne peut donner vie à aucune végétation, on peut arranger ces parcelles avec de petits remblais autour qui constituent d'espèces de réservoirs, dans lesquels au moyen du béal AA, on amène des eaux qui dépo-

sent leur limon en s'infiltrant dans ces graviers, en sorte qu'après quelques arrosages bourbeux ces espaces stériles peuvent bientôt nourrir des herbes ou pelouses pour retenir les engrais des eaux.

On peut encore arriver sans remblais à retenir des alluvions sur les graviers stériles en constituant sur le sol des fourrées artificielles, piquées bien épaisses dans les graviers. Ces fourrées après plusieurs arrosages bourbeux se trouvent chaussées d'alluvions, et ce mélange avec le gravier peut bientôt produire des fourrages.

11. Dès qu'on a mis le sol en état, et après avoir tracé les canaux et rigoles, on peut labourer et mettre ces terres en rapport. Ce labourage qu'on doit faire à la charrue doit atteindre deux résultats principaux : 1º ameublir et unir le terrain ; 2º lui donner une pente suffisante (4 º|₀ au moins) afin d'obtenir lors des arrosages l'écoulement régulier des eaux, et assainir le sol.

12. On conçoit que si avec une charrue à une seule déversoire on laboure, soit par exemple la parcelle nº 2 EF, FE, si la charrue contourne la rigole d'arrosage BC, et en déversant la terre toujours vers ce béal , cette ligne du milieu s'exhaussera avec quelques labours; tandis que le contour s'abaissera ; sauf le point B qui doit être maintenu élevé pour le passage du béal, où le laboureur doit toujours passer par le même chemin,

13. Une fois le terrain ainsi labouré, il se trouve donc relevé à dos d'âne vers la rigole BC; on doit ensuite tracer ce béal niveler ses bords, unir le sol et gazonner selon les procédés chap. 14, art. 9, 18, 20, 21, sauf pour les terres tout à fait stériles, où on doit agir auparavant selon les procédés art. 10 ci-dessus.

14. Il suffit ensuite, dès que les gazons sont assez touffus, ou après que le sol est en état d'absorber beaucoup des eaux bourbeuses, de tenir les rigoles de fuite et celles d'arrosage, avec les grands canaux, les digues-à-grille et autres accessoires

en bon état. Le terrain présente dès ce moment une pente très propice pour les irrigations, pour l'assainissement du sol, et surtout pour faire dans ses épaisses touffes d'herbes la conquête d'une fertile couche végétale, couche qui s'aipaissit à chaque crue des cours d'eau, et avec la pousse du gazon, cela sans autre travail que l'entretien ou la direction de ces arrosages bourbeux et des pelouses.

15. Il est bon de remarquer que ce genre d'assainissement, ces pelouses, leur arrosage, ou cette pente du sol exécutée dès le principe à la charrue, c'est-à-dire par le travail le moins coûteux possible, s'améliorent ensuite de plus en plus par les limons que charrient sur les pelouses, et principalement sur le dos d'âne les eaux bourbeuses. Cette amélioration se produit à fur et à mesure que les eaux arrivent par les rigoles BC, puisque c'est près des rigoles ou dès leur entrée dans les pelouses que les eaux déposent le plus. (voir chap. 12 art. 12), ces terres pourront, dès que la couche d'alluvion y sera assez épaisse, être employées à tel autre genre de culture qu'on voudra en y conservant toujours la pente du sol par le labourage.

16. Ce genre de drainage pourra donc durer éternellement tout en se perfectionnant de lui-même; car par le moyen de ces dépôts combinés au détritus des pelouses (voir chap. 6 art. 5, 6 etc.) on peut obtenir en peu d'années sur les terres les plus arides des couches d'alluvion aussi profondes qu'on le désire, avec autant ou plus de fertilité que ce qu'en ont acquis les riches plaines (voir chap. 5) où les eaux les ont déposées furtivement, puisque cette pente rend le sol plus sain, et puisque les pelouses le tiennent presque en suspension, et par conséquent plus aéré ou plus perméable.

Tout en fertilisant ces plaines arides on remplit donc encore le but d'y absorber des parties notables des inondations dont les eaux deviennent ainsi très utiles, au lieu d'être l'épouvante des peuples.

CHAPITRE 16.

Deuxième partie. — VOIES ET MOYENS pour arriver aux quatre importantes solutions que la France nécessite.

1. D'après ce que nous venons de voir par les chapitres qui précèdent, les conbinaisons des prairies à pelouses, des arrosages bourbeux et de leurs accessoires; la facilité que présentent ces simples engins *de résoudre toutes à la fois* les quatre plus grandes questions que la France nécessite; cette faculté surtout de *convertir les grands dégâts des inondations, en des biens d'autant plus grands, sont des avantages qui laissent bien loin derrière eux tout ces systèmes impraticables que nous avons examinés chap. 11 !*

2. Une fois ces avantages bien compris, les *voies et moyens* pour obtenir la réalisation de mes procédés ne présenteront aucune entrave sérieuse, du moins aux populations civilisées. Il est vrai que les contrées montagneuses où il faut le plus **agir**, se trouvent bien en retard envers les bienfaits de la civilisation, envers les moyens d'échange, etc. (voir chap. 10, 18, 19, etc.) bienfaits qui sont les plus puissants moteurs, surtout pour des entreprises où il s'agit d'utiliser au profit de l'homme, les immenses bouleversements si peu connus des cultivateurs, que les eaux aidées par les vents opèrent sur la croûte terrestre ; bouleversements que la géologie nous montre toutefois dans une infinité de positions ! (voir chap. 5, 4, etc.)

3. Mais comme ces travaux seront immanquablement reconnus *de la plus haute utilité*, pour la préservation des terres en pente, pour l'avenir de nos récoltes (voir chap. 2, 3.) pour s'opposer aux inondations; comme par la conquête des immenses charrois bourbeux on aura les plus puissants et les

plus économiques moyens d'enrichir jusqu'aux terres les plus stériles ; d'établir presque sur toute la partie habitable du globe une couche végétale de la plus grande fertilité ! Couche qui s'épaissira d'elle-même et qu'aucun autre agent connu ne saurait produire ; nul doute que dans les pays tels que le nôtre les propriétaires et surtout les économistes, les hommes de bien, les législateurs et les administrations, dont les lumières sont si supérieures, ne sachent bientôt s'entendre pour surmonter les entraves de l'ignorance.

4.   Je cite l'ensemble des propriétaires, des législateurs et des administrateurs, car il est clair que l'initiative individuelle ni une fraction isolée de personnes ne sauraient ni diriger, ni accomplir comme nous devons une somme si vaste et si indispensable de travaux.

Les propriétaires pourront seulement, dès qu'ils auront compris l'avenir qui est réservé aux riverains qui adopteront à leurs prairies nouvelles ou anciennes les procédés fécondants que je pratique, obtenir comme je l'ai fait (voir chap· 8) des avantages très importants ; tripler et jusqu'à décupler leurs revenus surtout lorsque leurs irrigations torrentielles seront à des positions convenables et indépendantes de leurs voisins, etc.

5.   Mais sur la plus grande partie du flanc des montagnes le mal qu'ont fait les ravines est trop hideux et trop profond, la propriété s'y trouve trop divisée entre des mains incapables soit pour faire les études, soit pour les dépenses que nécessitent divers grands canaux d'arrosage.

Il faut donc une impulsion et une direction supérieures, pour exécuter d'une manière assez prompte, les vastes prairies à pelouses, les endiguements et canaux d'arrosage que comportent les flancs de nos montagnes ; car lorsqu'il s'agit de dériver de grandes masses d'eau, et de les conduire au loin sur plusieurs parcelles, lorsque plusieurs propriétaires doivent contribuer aux travaux ; le manque d'ensemble et d'argent, les difficultés de passage, ces milliers d'obstacles qu'opposent à chaque pas l'ignorance (voir chap. 19) sont autant de ces entraves contre lesqu'elles il faut des lois, des règlements spéciaux, avec les efforts réunis des hommes intelligents, et ceux d'un Gouvernement fortement attaché aux intérêts de l'Agriculture, et aux autres importantes améliorations qui s'y rattachent.

6. Les études et les plans d'ensemble d'une multitude de digues, avec leurs grands et petits canaux pour l'irrigation des zones susceptibles de recevoir des eaux torrentielles, doivent être exécutés aussi promptement que possible, au moins les parties qui ont pour but l'arrosage des terres en pente, terres qu'il importe au plus haut degré de garnir de ces pelouses spongieuses surtout en place des bois où le trop plein peut occasionner les terribles dévastations que nous avons examiné chap. 11, art. 20, etc.

7. Ces digues, ces canaux, ces gazonnements du sol, etc. qu'il faut exécuter avec célérité sur autant d'étendue que possible du flanc de nos montagnes nécessitent, pour obtenir une marche assez rapide, qu'une haute direction de l'Etat, plus les autres stimulans nécessaires que nous allons examiner (chap. 17, 18, à 21) viennent avec des lois plus à la hauteur de nos progrès, activer cet ensemble de travaux.

8. Il est donc clair que les populations indigènes ne pourraient avec leurs faibles ressources, ni exécuter, ni diriger assez promptement, ni assez régulièrement cette régénération sur toutes les vastes étendues que présentent les terres en pente, terres déjà si dépouillées, si nues de populations ; car si jamais la nécessité d'un gouvernement fortement centralisé, et attaché au bien être des peuples s'est faite sentir, c'est en cette circonstance qu'on en voit l'absolue nécessité, et dont nous devons remercier la Providence de jouir de ces grands avantages ; ce qui nous donne l'espoir de voir bientôt poser la base de ce système d'amélioration et de préservation qui peut amener pour tant de peuples en souffrance, un si fécond élément de prospérité.

9.   Par cette puissante initiative, les Landes, la Sologne, etc, jouissent déjà des fécondes améliorations que leur sol déshérité réclamait ; et les flancs de nos montagnes, dont le mal répercute si fort sur tant d'autres pays , montagnes encore plus deshéritées au point de vue de l'agriculture qu'aucune contrée ; mais ce qui est mille fois pire, nécessiteuses à ces points de vue de leur préservation contre les ravines torrentielles qui ont déjà emporté presque tout le sol végétal, et en vue des inondations, ont été le plus délaissées faute de connaitre les moyens d'y porter remède. Aussi on peut sans crainte affirmer qu'elles n'auront de salut que le jour où la sollicitude bienveillante de Sa Majesté et de nos administrations voudront bien éxécuter une généreuse résolution (voir chap· 4,) et les visiter à leur tour, pour y introduire les améliorations que leur position exceptionnelle réclame.

CHAPITRE 17.

De la part que les propriétaires et l'État doivent prendre à la solution de nos quatre grands problèmes. — Direction par le gouvernement. — Coût des travaux et du sol.

1.   Si sur quelques positions assez avantageuses du bord des cours d'eau , des agriculteurs intelligents peuvent exécuter eux-mêmes , et sans le secours de l'État, de notables parties de cette régénération en prairies à pelouses irrigables du flanc de nos montagnes ; (voir chap. 14) il est comme nous l'avons vu chap. 7, 8, 10 à 13, etc. une foule d'obstacles, ou de fausses pratiques, qui sans un secours supérieur retarderaient à l'infini ces grands travaux d'ensemble, dont tant d'intérêts divers sollicitent la prompte exécution.

2. Il faut donc combiner au plutôt et faire agir à la fois les forces disponibles des propriétaires avec celles de l'État, et repartir les travaux de ces vastes espaces, de manière qu'un ensemble aussi bien organisé que possible coopère simultanément à la prompte transformation de nos terres à forte pente, à l'absorption des débordements de nos cours d'eau et à la conquête des alluvions.

3. Les propriétaires auront pour leur part à préparer immédiatement le sol en pente, à former des associations lorsqu'il s'agira de digues ou des grands canaux d'arrosage, où plusieurs intéressés doivent prendre part, à préparer de bonnes fenasses ou semences pour gazonner ou garnir de pelouses les terres exposées aux ravines, à garnir aussi d'épaisses fourrées, les anciennes prairies qui se trouvent sur ces terres en pente selon les procédés que j'ai décrit chap. 14, art. 13, 14, etc.

Ils auront ensuite à établir des digues-à-grille sur les cours d'eau avec les grands et petits canaux ou rigoles d'irrigation, de manière que ces prises puissent par leur nombre, ou par leur capacité prendre et repartir sur le sol comme je l'ai expliqué chap. 12, art. 12, environ 20 fois plus de ces eaux bourbeuses, que ce qu'on y distribuait auparavant des eaux limpides.

Ces populations auront de plus à transférer autant que possible sur le sol en pente leurs prairies en plaine qui ne sont pas à portée de ces arrosages torrentiels. Agrandir en un mot sur les terres déclives, par tous les moyens possibles, l'étendue de leurs prairies à pelouses avec ces arrosages torrentiels.

4. L'État aura de son côté la haute mission de stimuler les agriculteurs par des encouragements, soit par des primes, des réductions d'impôts, des secours, des bonnes voies de communication, des écoles des fermes modèles, et en un mot par tous les puissants moyens que les lois et la haute confiance des peuples mettent à sa disposition, l'établissement et l'entretien de ces pelouses et leurs arrosages sur les terres à forte pente, cela

en aussi vaste étendue que possible afin de couvrir toutes ces terres accessibles aux grands moyens de fécondation et préservation que les arrosages bourbeux peuvent leur fournir.

5.   Par cette coopération simultanée des propriétaires et de l'État, de vastes étendues de nos terres déclives seront bientôt couvertes de ces pelouses ; et je puis assurer que seulement environ 3 *millions* d'hectares qui nous manquent (voir chap. 2) *bien postés* sur les terres les plus sujettes aux ravines , sur celles où la pente est au dessus de 20 °|o. Ces espaces qui absorberont les eaux dévastatrices des autres terres au lieu d'en fournir , (voir chap. 3, art. 5) pourront dès lors éviter beaucoup de grands malheurs que les pluies torrentielles et leur agglomération tiennent sans cesse suspendus sur divers pays. Notre agriculture sera déjà aussi dans un brillant avenir puisqu'avec les produits fourragers aumoins triples que fourniront ces irrigations et ces pelouses , (voir chap. 8., art. 7) nos autres produits suivront à peu près la même progression. (voir chap. 6, art. 6, 7.)

6.   Mais pour obtenir le gazonnement et irrigation de ces vastes espaces , il faudra que des hommes capables déterminent d'abord au moyen d'un ensemble de plans, les diverses zones du flanc des montagnes susceptibles de ces arrosages bourbeux , avec les divers degrès de pente qui fixeront les divers degrès de danger que ces terres offrent aux pluies torrentielles, afin de proportionner les récompenses ou les encouragements de l'État selon ces dangers.

Ces plans feront encore connaître les parcelles qui sont déjà en prairie, afin de déterminer les étendues qui sont à gazonner ; à indiquer le niveau que tel ou tel canal d'irrigation pourra atteindre ; à établir aussi les difficultés que tel canal d'arrosage, telle digue ou tel espace de terre présentent, etc., etc.

7.   Ce travail préparatoire pourrait encore réglementer les prises ou la distribution des eaux, fixer les encouragements que l'administration déciderait d'accorder à telle ou telle entreprise, en proportion de l'importance des espaces à arroser

ou des travaux à faire, et selon le dégré de pente qu'une bonne préservation contre les ravines, ou contre les débordements des eaux nécessite.

Car puisque de tout cet ensemble de travaux, ou de cette grande base de toutes nos récoltes résultent : 1° La fertilisation progressive des terres ; (voir chap. 5, 6) 2° la solution des trois autres plus importants problèmes que les sociétés modernes aient à résoudre ; combien seront faibles ces sacrifices des peuples et de l'Etat, si on les compare aux immenses avantages que l'avenir donnera. (voir chap. 9)

8. COUT DES TRAVAUX ET DU SOL. Il serait difficile d'évaluer exactement la dépense moyenne que nécessitent ces travaux d'irrigation et de gazonnement des terres en pente ; car l'irrégularité de ces terres, leur diversité de valeur et de revenu, leur éloignement des routes ou des villes ; les diverses espèces de terres plus ou moins stériles, rocheuses ou graveleuses, etc., présentent des caractères si divers qu'il serait trop hasarder de donner un chiffre positif.

9. On trouve des espaces où la pente des montagnes est unie, quelquefois même les déclivités sont accessibles au labourage et dans ce cas ces parcelles peuvent être converties en prairies à pelouses avec béals et rigoles d'arrosages, plus les fenasses et graines, etc. le tout compris à moins de cent francs de dépense par hectare.

D'autres parties, qui sont ordinairement les plus urgentes à couvrir de pelouses, sont labourées jusqu'au rocher par les ravines, on n'y trouve que quelques lambeaux épars de terre végétale ; il faut les piocher à la main, combler les torrents, y bâtir les pierres en travers, unir la surface quelquefois à la pelle. Les digues, les grillages et les canaux pour l'irrigation présentent dans certaines localités des dépenses très considérables.

10. Mais c'est aux parcelles où l'ensemble des travaux est le plus facile, où les revenus de ces terres à forte pente offrent le plus d'avantages, que seront de préférence affectés les

premiers travaux ; et ces parcelles auront bientôt, par l'augmentation rapide de leur revenu, encouragé les cultivateurs pour l'exécution des parties plus difficiles ; de sorte qu'en supposant que la dépense de ces parties les moins coûteuses puisse en moyenne s'exécuter pour environ *trois cents francs* par hectare, et le prix du sol à *cinquante francs* pour les trois premiers millions d'hectares à régénérer , la somme totale *des déboursés* ne se porterait qu'à un millard cent cinquante millions, lorsque la valeur réelle du sol, une fois fertilisé par les alluvions et les pelouses, sera au moins de *quatre mille* francs par hectare et portera le total à 12 *milliards* ou plus de dix fois les dépenses !

11. De vastes étendues de ces terres en pente, qu'il est de la plus grande nécessité de couvrir de pelouses irrigables, se trouvent appartenir à des personnes ayant peu de ressources d'argent et d'intelligence, et qui ne sauraient diriger ces travaux.

12. Il serait donc nécessaire que des agriculteurs capables exploitent ces irrigations, du moins sur diverses contrées des plus exposées aux ravines où on établirait des fermes modèles, soit aux frais de l'Etat, des sociétés agricoles, ou des capitalistes, fermes où en y propageant ces travaux préservatifs et constitutifs , on pourrait encore y perfectionner les races d'animaux reproducteurs, les instruments de travail, l'arboriculture, etc.

13. COUT DU SOL. Les mêmes raisons que j'ai expliqué pour la valeur des travaux, s'appliquent aux achats de ces terrains en pente ; car on pourrait acquérir sur les déclivités des vallées dépourvues de routes, des espaces assez bien postés pour les arrosages torrentiels, et faciles à être convertis en prairies. dont le coût du sol serait au dessous de vingt franc par hectare, tandis que d'autres parcelles plus à portée des échanges et qui selon la bonté du climat donnent encore quelque chétive récolte, (voir chap. 4, art. 9, 10) coûteraient beaucoup plus.

14. Mais si on suppose, comme je l'ai déjà dit, le prix d'achat à cinquante francs par hectare ; et si on évalue encore toujours approximativement que dans sept à huit années la valeur moyenne de ces prairies se soit portée, par la fécondation des eaux bourbeuses et des pelouses, à *quatre mille francs*, somme qui n'est que le quart en sus du prix moyen des anciennes prairies ; (voir chap. 9 art. 5, 6) on peut s'assurer que les capitaux seront plus que décuplés dans ce court espace de temps

Ainsi il est facile de juger combien cette industrie est avantageuse et préférable à toutes les autres espèces de cultures que les terres en pente peuvent recevoir, et surtout à celles que nous avons examiné chap. 11, comme solution des problèmes des débordements de nos fleuves, sans même avoir égard aux questions qui lui sont connexes (voir chap. 1 et 21.)

15. L'État, ni les sociétés agricoles, ni les capitaliste ne doivent donc pas hésiter à acheter des fermes ou à former des associations pour établir sur le flanc des montagnes ces pelouses conquérantes sur toutes les parcelles dont les dangers de destructions par les ravines doivent y faire interdire toute autre culture qui nécessiterait l'ameublissement de la couche végétale.

16. On pourra aussi créer au moyen des associations et des grands canaux, de vastes étendues de ces prairies, bien au loin des rivières sur les terrains graveleux, et sur les landes les plus arides, (voir chap. 14, 15,) sans trop avoir égard si les cours d'eau à y dériver sont abondants longtemps après les pluies, puisqu'il suffit de répandre abondamment ces eaux bourbeuses sur les pelouses, tandis que les torrents en produisent (voir chap. 12, art. 12,) pour obtenir sur ces terrains stériles, des fertiles couches d'alluvion et par suite de magnifiques récoltes, d'abord en fourrages, ensuite en grains, fruits, etc ; (voir chap. 6, art. 4, 5, 6, etc.)

CHAPITRE 18.

DES MOYENS D'ÉCHANGE, chemins de fer, routes, canaux, se combinant avec les cultures préservatrices pour obtenir nos améliorations. — Direction contre le déplorable état des terres en pente.—Nouvelles lois à leur appliquer, etc.

1. La question des *échanges* qui semble ne pas avoir été aperçue lorsqu'il s'est agi de résoudre les grands problèmes des *inondations, ou de la préservation du sol en pente,* doit, de même qu'en faveur de la prospérité des bois sur ce même sol, jouer un des plus grands rôles dans la grande régénération agricole, préservatrice et conquérante que nous devons accomplir.

2. Les moyens d'échange sont en effet la nécessité principale de toute entreprise, puisque les moindres constructions nécessitent des charrois de matériaux et de denrées ; mais ces moyens sont encore plus indispensables en vue des échanges qu'il faut régulièrement et plus qu'ailleurs effectuer entre les pays de plaine ; car ces pays peuvent, par exemple, cultiver les grains ou autres légumes annuels qui nécessitent l'ameublissement de la couche végétale, tandis que les déclivités du flanc des montagnes ne devraient cultiver que les récoltes préservatrices, ou celles qui absorbent les eaux ; cela autant en vue de ces *dangers des ravines* qu'en vue de *prévenir les inondations.* Or, les grains et tous les autres produits qu'il faut à la subsistance des habitants, (voir chap. 10 et chap. 11, art 21 et s.) doivent être importés ou échangés avec le produit des montagnes ; et ces échanges de matières si pesantes ne sauraient à dos d'homme ou de mulet lutter contre les pays de plaine.

Cependant les avantages si supérieurs que présentent pour les irrigations des pelouses, les terres en pente (voir chap. 14, art. 3, 4, 5) et à la seule inspection des ravages qui désolent nos montagnes , et qui produisent les terribles désastres des inondations, on peut déjà juger que du moment que les administrations connaitront l'efficacité des moyens que j'indique pour résoudre nos grands problèmes , encouragées par cette paternelle sollitude dont une auguste volonté a pris depuis 1856 l'heureuse initiative, ces administrations voudront sans doute mettre un terme à cet état de terreur des vallées , tout en préservant et en décuplant le revenu des terres stériles, et en augmentant tous des produits du sol avec la principale base de l'agriculture. (voir chap. 2 et chap. 6, 8.)

3.   Dans cette grande vue on peut même prévoir que le jour n'est pas loin où les cultivateurs au lieu d'exposer les terres en pente, comme nous avons vu chap. 4, 10, 11, etc. auront au contraire pour mission , encouragés par les lois et par une administration de surveillance , de multiplier sur ces terres exposées aux ravines les cultures les plus préservatrices, tout en refoulant dans les plaines hors du danger des eaux, les effondrations, le défrichement, le piochage, le labourage et tout espèce d'ameublissement du sol, qui occasionnent tôt ou tard la ruine des terres à forte pente, et constituent les inondations.

Cela à l'instar de ce qui se pratique déjà pour plusieurs industries, qui sont reconnues utiles sur tel point, tandis que l'hygiène ou d'autres raisons exigent qu'on les repousse du centre des villes, etc.

4.   Ici c'est la place que doivent occuper les prairies à pelouses, les bois et tout autre moyen préservatif qui doivent être spécialement indiqués aux cultivateurs, afin de mettre à l'abri des ravines les positions où ces pelouses, ces bois , etc. , seront reconnus absolument nécessaires, où leur culture est indiquée par la pente même du sol comme plus convenable , surtout en vue des arrosages bourbeux qui enrichissent les terres ; car il faudra que les peuples civilisés arrivent tôt ou tard à ce principe d'une équité incontestable : *que l'homme puisse sur les déclivités abruptes des montagnes obtenir de son travail pré-*

servateur autant de revenu, autant de bien être, que celui qui cultive le froment sur les plus riches plaines.

Tandis que l'ignorance, sans aucune direction, expose le sol qu'elle défriche, qu'elle pioche ou qu'elle incendie, (voir ch. 10, 11,) à être emporté par les pluies ou ravines torrentielles ; en s'exposant avec sa famille et ses semblables aux plus redoutables calamités. Travaux qui aboutissent aussi à ces émigrations qui dépeuplent continuellement ces pays !

5. Jusqu'aprésent ces grands principes de droit, d'ordre, d'humanité et de prévoyance, qui auraient dû depuis des siècles être gravés en caractères ineffacables en tête de nos plus précieuses institutions, ont été ignorés, ou du moins presque complètement négligés, et cette négligence a été tellement funeste, que les déclivités se trouvent dépouillées par millions d'hectares (voir chap. 4. art. 9,) d'où résultent ces dépopulations effrayantes que signalent tous nos récensements, avec des misères sans nombre qu'il serait trop long et trop humiliant de raconter !

6. Nos lois n'ont encore fait qu'effleurer ces questions de premier ordre en accordant seulement certaines faveurs au semis ou à l'extension des bois, (lorsqu'on croyait ces bois le seul moyen préservatif) en s'opposant à leur défrichement sans même fixer à quel degré de pente telle faveur ou telle restriction devaient être affectées, sans s'opposer à la concurrence que les bois des pays en plaine devaient faire à ceux des montagnes, par la facilité et la proximité de leur transport aux lieux de consommation ; sans s'apercevoir combien ces bois sont au contraire la ruine des terres en pente, lorsque par leur trop plein ou par le manque de direction, on les laisse périr sur place ; surtout leurs débris inflammables ; sans ce demander comment dans de si vastes étendues boisées et si éloignées de toute ressource, les peuples pourraient se procurer leur nourriture, vu que les arbres dans une infinité de positions ne donnent pas même de revenu pour payer les impôts ?

De sorte qu'en présence de ce trop plein de bois, de leurs débris et des autres inconvénients insurmontables, que j'ai expliqué chap. 10 et chap 11, art. 16, etc. ces lois, autant les nouvelles que les anciennes, ne pourraient jamais aboutir qu'au résultat insignifiant et déplorable où elles ont abouti jusqu'àprésent, c'est-à-dire qu'à laisser grandir sans cesse les dégâts des eaux sur les terres en pente, avec la source des terribles inondations qui accroîtraient de plus en plus leurs ravages sur les vallées ? Or cette fausse direction des terres et des eaux nous conduit encore à ce fâcheux malaise envers nos récoltes que nous ne tirons à peine que le tiers de la nourriture que la France est susceptible de fournir, et nous restons tributaires à l'étranger d'une foule de produits que nous pourrions au contraire exporter abondamment.

7. Espérons qu'un éveil plus direct, surtout contre les misères des montagnes, (voir chap. 4, 8, 10, 11, etc.) se fera bientôt jour, et que le code rural que notre gouvernement prépare pourra poser la base des faciles moyens que j'indique pour vaincre du même coup les débordements de nos eaux, et obtenir nos autres grandes solutions.

Cette nouvelle loi pourrait déjà indiquer le degré de pente qui doit, sur les zones irrigables, interdire l'ameublissement du sol pour toute autre cause que pour l'ensemencement des cultures préservatrices ; elle pourait aussi réglementer les encouragements à donner à ces cultures, dont les prairies à pelouses, vu leur haut degré d'absorption des eaux, et leur immense avantage sur tous les autres moyens que nous avons vu chap. 11, nécessitent le plus une grande extension (voir chap. 2.)

8. Chacun comprendra bientôt en effet l'absolue nécessité d'encourager les cultures proportionnellement ; 1° *à leur force d'absorption des eaux torrentielles ; 2° selon leur importance de produit pour la nourriture des peuples ; 3° selon le degré de déclivité ou selon le danger des terres à préserver.*

Or, à ces points de vue *nos lois ont tout à faire* ; cependant rien n'est plus équitable ni d'un besoin plus impérieux que de favoriser suffisamment les produits préservatifs sur ces pentes abruptes, stériles, pour que les mêmes produits en étant sur des positions plus à portée des moyens de transport, ou sur des terres plus riches et plus fertiles, n'aient pas la force d'entraîner vers elles les cultivateurs, soit leur faire abandonner les cultures des terres arides, terres qu'il est nécessaire de repeupler pour les couvrir d'un magnifique réseau préservateur et conquérant de ces riches charrois, étudiés chap. 5.

9. Il faut d'abord que les cultivateurs aient la facilité d'échanger les fourrages, ou leur produit, les animaux, les laitages, etc. avec les récoltes des pays de plaine, ou avec les denrées coloniales, aussi avantageusement que près de nos grandes voies de communication, afin qu'ils ne soient pas obligés pour se procurer les céréales ou les autres objets de leur nourriture, d'y ameublir les terres en pente, soit d'y brûler les bois pour dépaître leur troupeaux, ou enfin d'abandonner ces terres.

Tandis que jusqu'à présent tous nos immenses progrès et notamment les moyens d'échange n'ont abouti envers les pays de montagne *qu'à concourir avec plus de force à la ruine des cultures, des terres en pente, à y accroître la force des inondations et à dépeupler ces pays!* Voici comment : les routes, les canaux, les chemins de fer, ont été exécutés presque exclusivement dans les plaines et pour, relier les grandes villes où ces facultés de locomotion ont attiré les industries avec de grandes agglomérations d'habitants, cela, en augmentant ces redoutables émigrations des montagnes qu'on n'avait su combattre.

10. Un proverbe dit : *à quelque chose malheur est bon.* Ici les peuples auront grandement raison de le répéter, puisque le contre-coup des inondations donnera enfin l'éveil des dégâts des montagnes ; puisqu'il ne peut qu'en résulter tôt ou tard, les améliorations qu'un bon régime des terres et des eaux peut procurer aux peuples.

Cette régénération est à d'autres points de vue si indispensable, qu'en outre des misères que je viens d'expliquer, il résulte encore du délaissement des terres déclives d'autres conséquences très graves, dont il faudrait plusieurs volumes pour en détailler l'importance ; et cependant à peine si encore les Législateurs ou les Économistes s'en sont aperçus !

On a pourtant répété bien des fois (par exemple) que les agglomérations trop nombreuses démoralisent les masses, mais en ce qui concerne les montagnes, les émigrations sont d'autant plus graves, que tout en réduisant en désert les contrées susceptibles de produit, elles rendent en proportion plus dangereuses 1º la cherté des aliments, 2º les ravages des plaines sur les terres en pente, 3º ceux des inondations, 4º l'affaiblissement des États, 5º la misère publique, etc ; maux qui entraînent à leur tour dans les villes de terribles exemples de dépravation et de vagabondage qui sont heureusement bien plus rares dans les campagnes.

11. L'homme quitte ces terres déchirées ou emportées par les ravines, attendu que sans direction, sans moyens d'échange, et ignorant les procédés pour combattre ou utiliser les eaux torrentielles qui emportent ces terres, il n'a eu ni la force, ni la capacité d'y mettre remède.

Il abandonne ce sol dont même dans son ignorance il a facilité la ruine, (voir chap. 10, 11, 12, 13, etc.) pour s'en aller souvent comme domestique dans les pays de plaine, où du moins il peut échanger plus commodément et plus promptement ce dont il a besoin.

Ainsi, faute de ces puissants auxiliaires que j'indique, faute surtout des moyens d'existence que peuvent procurer aux peuples une bonne répartition des eaux torrentielles et de leurs fécondants charrois, les travailleurs, l'agriculture, les industries, etc. , ont dû quitter ces contrées deshéritées pour s'enfuir pour ainsi dire dans la direction des éléments de leur nourriture (voir chap. 5) que les eaux emportent vers les mers !

12. Cette désertion des bras et des capitaux vers les grands

centres industriels et vers les colonies, et la fausse direction
des terres en pente expliquent pourquoi les ravines et les inondations deviennent chaque jour plus dangereuses !

Il est donc bien clair que si des lois plus à la hauteur de
ces grands besoins des peuples ; si un éveil général des hommes qui veulent le bien-être de leurs semblables, ne viennent
diriger l'application des remèdes pratiques productifs et efficaces contre cet état désespéré des terres déclives, ces dégâts
avec les inondations ne pourraient que progresser de plus en
plus!

13.   Quels procédés obligeront les agriculteurs à établir sur
le penchant des montagnes des prairies spongieuses, pour
s'emparer de ces richesses dites alluvions, richesses qui seules
peuvent reconstituer la couche végétale des vastes portions
stériles de la France (voir chap. 5, 8, 12, etc.) pour y donner
à vivre plus convenablement aux populations et pour y résoudre nos autres si importants problèmes ?

Ce seront évidemment l'aisance ou le bien-être que ces cultures pourront procurer aux peuples. Mais comme aujourd'hui
on a besoin pour vivre, à quel pays qu'on habite, de grains,
de légumes et autres denrées coloniales qui ne peuvent être
cultivées sur les terres déclives sans les exposer ; il faudra
absolument, si on veut éviter de défricher, de piocher ou de
labourer ces terres, disposer là encore avec plus de nécessité
que dans les pays de plaine, de ces faciles moyens d'échange
qui ont déjà tant activé les progrès des peuples qui en jouissent !

14.   Si les travailleurs se décident à rester ou à revenir sur
le sol qui les a vu naître ; si l'État, des sociétés agricoles, des
associations ou des agronomes distingués veulent bien, dans
un but d'utilité générale, aller créer des fermes modèles à
l'instar de celles que notre Gouvernement a établi pour les
Landes, pour la Sologne, etc ; ce sera dans l'espoir de trouver
par ces travaux régénérateurs les avantages qu'on trouve dans
les autres pays.

15.   Chacun pourrait d'ailleurs, une fois les pelouses et ir-

rigations en pratique, jouir dans les vallées pittoresques des montagnes de plusieurs agréments qu'on n'a pas dans les pays de plaine , surtout pendant l'été ; car les pluies qui y sont plus fréquentes y entretiennent une plus agréable température. Ensuite ces eaux fraîches et limpides qui jaillissent partout du sol, et dont avec une bonne distribution (voir chap. 12, art. 13, etc.) on peut couvrir de verdure, des espaces très vastes. De magnifiques points de vue, les contrastes frappants des prairies, des rochers, des bois, des fleuves et des rivières à leur base; puis celles-ci, qui tantôt par des milliers de cascades roulent leurs eaux fraîches et limpides; tantôt grossies par une infinité de torrents, entraînent la couche végétale des terres avec un effroyable fracas !

Mais ce qui procurera dans l'avenir des agréments bien plus utiles , ce sera lorsque de nombreux canaux et rigoles d'arrosage iront dans toutes les directions distribuer cet élément qui portera la fécondité sur la place même où il n'opérait que des ravines et des misères ! Quelle jouissance infinie pour l'homme, de voir par son concours transformer un terrible agent de dévastation en une source intarissable de richesses, dont tous les calculs ni les gros résultats chap. 9, n'en pourraient faire comprendre la portée? Les produits de la chasse ou de la pêche, dont on ne saurait goûter la délicieuse saveur qu'en étant sur les lieux ; cette pureté de l'air si salutaire à la santé, etc. sont des avantages inappréciables que les heureux du jour cherchent ailleurs ; et dont la Suisse a eu jusqu'à présent le privilége ; sans doute à cause de la facilité d'y voyager, à cause de ses belles irrigations et de ses riches prairies qui entretiennent une si agréable fraîcheur et dont ce peuple industrieux a su de bonne heure embellir toutes ses vallées !

Mais une fois que des prairies couvriront de leur élastique et verte pelouse la zone inférieure de nos vallées, une fois que des lisières de bois en garniront les sommités, une fois que de bonnes voies de communication et de nombreux canaux d'arrosage en accroîtront les produits : quels plus grands avantages offriraient les montagnes des autres pays de plus que les nôtres ?

16. Les peuples des terres en pente ont en effet premièrement besoin, pour soutenir la concurrence des autres pays, d'avoir la facilité là comme ailleurs d'apporter les matériaux, les machines ou instruments de travail que comporte toute bonne exploitation ; tandis que sans ces agents de première nécessité, une telle demeure, quoique des plus saines pour la prolongation de notre chétive existence, serait insupportable, du moins pour les personnes qui ont vécu avec le monde et dans une certaine aisance.

17. Or, nos vallées, sauf quelque rare passage de routes scabreuses, très mal dirigées et très mal entretenues, sont généralement dépourvues de tout moyen de locomotion excepté à dos d'homme ou de mulet, et on a beaucoup plus de difficultés, plus de frais et plus de retard pour transporter cent kilog. de denrées à cinquante kilom. de distance, que ce qu'on en a près de nos bonnes voies de communication, pour transporter le même poids à huits cents kilomètres !

Comment, avec environ vingt fois plus de frais et plus de retard, pourrait-on soutenir la concurrence des pays qui jouissent de tels avantages ? Comment priver l'habitant des montagnes de défricher les bois des terres en pente, pour se procurer les grains, la nourriture des bestiaux et autres denrées annuelles qu'il faut à sa subsistance, lorsque faute de moyens d'échange, le transport des grains et autres objets coûte souvent plus que l'achat ?

18. Encore dans ces échanges il ne doit pas être question des grands colis, tels que machines, pierres molaires, grosses futailles, etc. qui faute de pouvoir les transporter ne peuvent être employés; on est obligé de se priver des uns, et de laisser périr les autres; on laisse, par exemple, de riches mines, et surtout une foule de moteurs hydrauliques susceptibles de procurer à la France pour plusieurs de ses industries un bien

haut degré de prospérité, si on les combine aux endiguements et irrigations. (voir chap. 9, art. 14.)

On laisse périr sur place des arbres magnifiques faute de pouvoir les transporter. (voir chap. 11, art. 19 et s.) Enfin toute industrie, tout commerce, tout progrès industriel, semblent presque interdits, là où le plus inépuisable des éléments, peut par ses féconds arrosages torrentiels et par sa force motrice, procurer aux populations le plus brillant avenir !

19. De telles défectuosités au sein de l'Empire qui porte la civilisation et la justice jusques sur les peuples les plus éloignés, les charrois à dos d'homme, cette ignorance de la valeur des eaux, (voir chap. 12) les ravines dévastatrices destinées au contraire à être fertilisantes, les inondations si désastreuses que des secours par centaines de millions ne peuvent souvent reparer , seraient une honte pour tous les hommes instruits, si les moyens d'y remédier par les avantageuses combinaisons que j'indique , (voir chap. 2, 3, 6, 7, 10 à 14, etc.) avaient été plutôt connus ; car ces calamités qui sont moins redoutables sur les vallées de nos fleuves que sur les terres déclives, sont sur celles-ci la démoralisation et le détriment des peuples ! Plongées dans une foule de superstitions, de privations et de misères , depuis que le premier être humain y mit les pieds, les générations présentes ou futures ne pourront sortir de ce triste état et remédier à ces dégâts progressifs des eaux, que par un éveil suprême des législateurs et des hommes de bien. Mais ce beau jour est si près de l'horizon, que les agriculteurs peuvent déjà s'attendre à un enseignement agricole, (voir chap. 19) à de meilleures lois , à une bonne direction , à des primes, (chap. 20) etc. Ils peuvent donc, dès à présent, travailler à poser les fondations de ces moyens préservatifs si énergiquement sollicités (voir chap. 4, art. 5) par notre Empereur.

CHAPITRE 19.

Nécessité d'une administration spéciale, de plans d'irrigation, des écoles, des fermes modèles, des gardes supérieurs, etc. — Résultat pour les propriétaires et pour l'État.

1. Celui qui a lutté contre cette foule de fausses pratiques culturales qu'on rencontre chez les habitants de la campagne ; (voir chap. 7, 10, 12, etc.) celui qui réfléchit aux suites désastreuses que les défectueux procédés des cultivateurs entraînent, principalement sur les terres en pente, se demande, saisi de douleur, pourquoi une direction supérieure et un enseignement agricole n'ont pas été plutôt donnés aux hommes dont le travail doit nourrir toutes les classes de la société ? Pourquoi a t'on laissé nos eaux et nos terres qui doivent tout faire vivre si mal organisées ? lorsque toutes les autres professions et industries sont déjà si en ordre, et si prospères ?

2. Il est vrai que tout cela a été bien peu compris ; mais à présent qu'il sera bien établi que c'est du manque d'une bonne distribution de nos eaux torrentielles, (voir chap. 7, 12) et du manque des prairies fourrées pour retenir ces eaux et leurs charrois que résultent sur nos terres en pente (voir chap. 3, 6, 13) ces agglomérations terribles qui les emportent, et d'où résultent aussi les inondations, il ne sera plus possible d'hésiter. Mais s'il est de plus bien établi que par le manque de direction de nos eaux, nous laissons emporter ces immenses sommes d'alluvions ou fumiers, (voir chap 5) chacun sera bien convaincu de l'extrême urgence de donner aux cultivateurs cette instruction qui peut leur faire apprécier l'importance des engrais et des vastes combinaisons des eaux et des terres, avec les moyens de les conquérir et d'en accroître nos récoltes.

3. Déjà pour une foule d'entreprises d'un ordre bien inférieur à celles qui ont pour but la direction des eaux et des terres, on a senti la nécessité d'établir *des plans* d'après lesquels les travaux sont ensuite exécutés ; et sans ce moyen, les mines de houille (par exemple) ne rapporteraient presque rien, et présenteraient la plus fâcheuse confusion ; les villes, si elles étaient abandonnées comme les terres en pente au caprice de chacun, et faute de plans discutés ou réfléchis par avance, seraient d'une irrégularité affligeante ; on peut dire en un mot que les grandes entreprises ne doivent leur immense prospérité qu'à ces précautions.

4. Depuis les temps primitifs, cette confusion que les géologues ont appelé le chaos, a été combattue sur divers points par l'espèce humaine, à mesure qu'elle a pris possession de la terre habitable ; et il est clair que le bien-être des peuples s'est accru à fur et à mesure que les découvertes et une bonne direction ont agi sur la matière mise à la disposition de l'homme.

Malheureusement *les terres* et *les eaux* qui nécessitaient le plus ce combat ou cette direction, (vu que ces éléments sont la source de tout ce qui existe) sont encore, surtout envers les montagnes, dans le triste état primitif où le premier être humain les découvrit. Les peuples ont même, en défrichant les déclivités ou en y facilitant les incendies (voir chap. 11, art. 20, etc.) accru le désordre ou la destruction des terres en même temps que le désordre des inondations !

Combien est-il donc urgent d'organiser les terres, les eaux et les cultures dans le sens que j'indique, (voir chap. 14, art. 2, etc. 18, art. 2, à 9 etc.) afin que par le régime à leur donner, cette merveille de la création, les pluies si bienfaisantes, si indispensables, au lieu d'être un agent de ravages et de ruine, amènent dans les pelouses le fécond charrois bourbeux qu'elles ramassent sur le sol pour devenir au contraire une immense source de richesse et d'abondance, régénération très pratique (voir chap. 8,) et très facile, et dont il suffira de la comprendre pour l'exécuter.

5. ÉCOLES SUPÉRIEURES D'ORGANISATION. Pour arriver à une si importante harmonie entre les terres et les eaux; il faut premièrement que les hommes qui auront à diriger l'ensemble du système à suivre, soient bien convaincus de l'efficacité et de la facilité de solution des quatre vastes problèmes (chap. 1) que la pratique a déjà confirmé (voir chap. 8). Or, des questions qui embrassent un si vaste ensemble ne peuvent être bien comprises que par l'étude. Je reconnais tellement cette nécessité, que je pratique et je réfléchis sans cesse aux procédés que je propose depuis 5 à 6 ans, et je ne saurais encore me flatter d'en connaître toutes les ramifications et toute l'importance; je dois dire de plus qu'il est très difficile d'entrevoir, même après de sérieuses réfléxions, l'immense étape que les sociétés ont à faire dans cette voie.

6. Déjà la nécessité d'un enseignement agricole avait été reconnue par nos agronomes les plus distingués, et notre Gouvernement s'occupait, si je ne me trompe, à étudier les moyens de répandre cet enseignement dans les écoles publiques; mais si au point de vue agricole cette nécessité était déjà constatée, elle devient bien plus frappante du moment que de si vastes problèmes sont en jeu; du moment qu'il s'agit de combiner les irrigations sur les terres mêmes les plus exposées aux ravines, de manière à vaincre les débordements des cours d'eau, d'abord dans les espaces qui les grossissaient; de poser en même temps les fondations de l'agriculture sur la véritable base où elle doit être assise (voir chap. 2); de constituer le sol végétal, etc ; (voir chap. 3, 4, 5, 6, 12, 13, etc.)

Ces combinaisons doivent par conséquent conduire les hommes à étudier; 1° l'art d'établir des prairies à pelouses et leurs irrigations torrentielles ; 2° l'art de porter chaque culture à la position où elle est le plus avantageuse, non au point de vue de la routine, mais au point de vue de l'ensemble des solutions qui intéressent le corps social, (voir chap. 18, art. 2, à 6, chap. 14, art. 2. etc) questions où nous sommes dans le plus bas degré d'enfance ; 3° l'art de dresser les plans d'ensemble et partiels des irrigations, des canaux, des digues, des zones susceptibles d'être arrosées par les eaux bourbeuses distinctes de celles cultivées en céréales, en bois, etc.

Ces écoles en étant placées sur le flanc des montagnes à portée des terres les plus exposées aux ravines, et dans des lieux où on pourra pendant les saisons des fortes pluies pratiquer abondamment les irrigations torrentielles, seraient aussi bien postées pour comparer entr'eux tous les systèmes de préservation de ces contrées et qui peuvent avec le plus de profit prévenir les inondations. (voir chap. 11,)Les simples valets connaîtront bientôt les moyens de gazonner et reconstituer le sol des terres stériles, d'y entretenir les pelouses (voir chap. 6, 13,) tout en préservant les déclivités et en absorbant les inondations, etc., etc.

7. Les élèves sortant de ces écoles supérieures avec un grade seraient capables comme ceux (par exemple) pour les ponts et chaussées, pour la guerre, pour les mines, etc., d'aller, soit aux frais de l'État, ou des sociétés agricoles, ou des propriétaires, faire les études, les devis et les plans que comportent les grandes et petites irrigations (voir chap. 17, art. 6. 7) tout en y figurant les prairies déjà créées, les canaux d'arrosage existants, la pente du sol, etc.

8. GARDES SUPÉRIEURS ET COMMUNAUX. Parmi les élèves sortant des écoles supérieures seraient aussi choisis des gardes de première classe, ou brigadiers, qui en outre de la surveillance de ceux des communes, auraient la haute direction dans toute la contrée qui leur serait assignée, et au moyen de ces gardes secondaires, de tous les travaux de prévoyance, tels que l'irrigation, l'entretien des fourrées préservatrices, des bois, sur les terres en pente, la surveillance du bon entretien des canaux, des digues-à-grille, etc.

9. Cette institution de gardes que tant d'autres intérêts divers ont déjà reclamé du Gouvernement et que j'ai eu l'avantage de mentionner en 1859 (voir chap. 20, art. 18) aurait sous

cet autre point de vue spécial du régime de nos eaux et de nos terres, un tel dégré d'utilité qu'il embrasse la solution de nos quatre importants problèmes.

10.   DES PROFESSEURS D'AGRICULTURE. En outre des écoles supérieures, il sera aussi très important que des professeurs capables puissent au plutôt enseigner aux enfants des collèges, aux élèves maîtres des écoles Normales ou autres établissements publics, les puissantes améliorations que de simples prairies à pelouses combinées aux arrosages torrentiels, à l'emplacement des cultures etc. sont susceptibles de produire en faveur du bien-être des peuples.

11.   Les élèves maîtres des écoles Normales ayant puisé là ces principes de prévoyance, iraient ensuite les divulguer dans les communes, autant à leurs élèves les plus âgés qu'aux agriculteurs adultes pour lesquels il serait à désirer qu'un cours spécial fut destiné à démontrer, d'abord la grande nécessité d'appliquer au sol en pente les genres de culture qui peuvent à la fois le préserver et convertir les eaux dévastatrices à y constituer une riche couche végétale, la nécessité d'assainir les terres en plaine, (chap. 15) celle de mettre chaque espèce d'herbes et de plantes aux positions que nos grandes questions sociales nécessitent, etc. (voir chap. 18, art. 2 à 6).

12.   FERMES MODÈLES. A côté de chacune des écoles supérieures dont j'ai déjà parlé ci-dessus art. 6, 7, seraient établies des fermes modèles où les élèves pourraient étudier tous les principes de préservation, de conquête d'engrais torrentiels, de régénération des terres, etc.

Plusieurs autres fermes seraient établies dans les principales vallées où les instituteurs des écoles Normales, les élèves des autres écoles, ou les cultivateurs des environs auraient la faculté d'aller s'y exercer aux diverses améliorations que nécessitent les eaux, les terres et leur régime.

13.   Partout le bienfaisant contact de ces écoles, de ces fermes, ou leur bonne direction seraient d'autant mieux appréciés par les propriétaires voisins, que ceux-ci en seraient le plus rap-

prochés. Leurs enfants pourraient même être admis comme
ouvriers dans ces fermes et exercés à l'art de gazonner le sol,
de construire les digues-à-grille et les canaux à irriguer, à
entretenir les pelouses, alterner les récoltes, à assainir les terres
tout en accroissant l'épaisseur de la couche végétale, à élever
les meilleures espèces d'animaux, les pépinières, à boiser le
sol selon les positions et les besoins.

14. En vue de la nécessité pressante de ces irrigations et
des autres grands problèmes que la France doit résoudre,
(voir chap. 21) il serait équitable que le trésor public fît les
principaux frais de ces plans d'irrigation (chap. 17) des moyens d'échange, (chap. 18) des écoles des fermes, etc.

15. L'État serait couvert de ses dépenses de plusieurs manières dont la moindre des deux principales suffirait bientôt
au remboursement de tous ses frais, tout en procurant le
bien-être aux populations ; car 1° le surplus de revenu dont
on pourra bientôt charger les terrains stériles des plaines fertilisées par les moyens chap. 15, terrains auxquels le charrois
des eaux bourbeuses ou les alluvions donneront autant de
valeur qu'aux plus riches terres ; 2° les indemnités que le
trésor paie annuellement pour les dégâts des eaux torrentielles et des inondations étant réduites à fur et à mesure que
le sol serait préservé par les pelouses, produiraient bientôt l'un
et l'autre des sommes bien plus fortes que les dépenses. Les
autres avantages que j'ai mentionné chap. 9, art. 10, 14,
sont autant d'améliorations en plus de nos quatre grands
problèmes, dont un seul fait plus que compenser les dépenses.

16. Les hommes dévoués au progrès de l'agriculture, ceux
qui s'intéressent au bonheur des peuples trouveront, en allant
leur apprendre à régénérer et à fertiliser leurs terres, soit en
les instruisant, ou en formant des associations en faveur de
ces travaux de prévoyance, un bien louable moyen de se rendre utiles ; car quel avantage serait-ce de voir à l'avenir
sur les terres actuellement désolées par les ravinés, et en

place d'un sol excorié, stérile, de magnifiques prairies, couvertes d'arbres et de fruits à profusion ; toutes les vallées ainsi enrichies et resplendissantes de beauté avec des populations plus nombreuses, plus riches et plus instruites ; au lieu de la perspective de ces malheureux pays progressivement dépeuplés, (voir chap. 4, art. 9, et chap. 10, 18, etc.) ignorants, supersticieux et pauvres ?

17. Les capitalistes trouveront aussi le moyen de grossir leur fortune en augmentant le revenu des terres dans de grandes proportions, (voir chap. 17, art. 9, à 14) puisqu'il existe de vastes étendues stériles qui avec environ 20 mille francs d'achats et de travaux peuvent produire par les charrois bourbeux, 10 à 12 mille francs de rente annuelle !

CHAPITRE 20.

—

DES ENCOURAGEMENTS A L'AGRICULTURE par l'État et les sociétés agricoles.— Vices du système actuel. — Moyen de rendre les primes plus efficaces.— Autres mesures de prévoyance. — Passage des eaux. — Dispersion et multiplication des fermes rurales.

L'homme est de sa nature très imprévoyant, et cette imprévoyance est surtout dangereuse lorsqu'il s'agit de grands ouvrages d'ensemble où on doit agir collectivement, et quelquefois les uns pour les autres ; tels sont, par exemple, 1° les moyens de prévenir les inondations ; 2° garantir les terres en pente contre les ravines qui les ruinent ; 3° faire la conquête des alluvions des eaux ; 4° veiller à ce que l'agriculture repose sur une base convenable à l'ordre et au bien être social par la bonne distribution des terres, des eaux, des moyens d'échange, etc.

Ces travaux, de la plus saine prévoyance et qui embrassent le présent et l'avenir sur de si vastes étendues; méritent sans contredit d'être placés au premier rang parmi ceux qu'une bonne économie sociale doit surveiller, protéger, encourager. C'est là en effet qu'il faut absolument, comme nous l'avons déjà vu chap. 16, art. 4, de puissantes sociétés pour guider l'ignorance dans la combinaison et le placement des cultures de manière à absorber les eaux dévastatrices, dresser les plans des vallées, des canaux, des digues, des routes et autres ouvrages à construire, vu que la plupart des propriétaires n'ont ni la capacité de comprendre l'importance de ces travaux, ni souvent les moyens de fournir leur côte part ; et ce seraient là des obstacles encore plus sérieux que ceux que nous avons examiné chap. (1, 10, 11, 12, 13. etc,) susceptibles de retarder long-temps la solution des grands problèmes qu'on croyait sinon insolubles, du moins infiniment plus dispendieux et plus inextricables.

2. Il est donc du plus haut intérêt que les hommes que la Providence a mis en tête des sociétés, ceux à qui il a été dévolu une plus haute intelligence, et de qui les réfléxions peuvent être mûries en commun, s'avisent d'une manière toute spéciale de ces grandes combinaisons de travaux qui concernent jusqu'à la structure géologique du globe, par les immenses dépôts et charrois des eaux sur les pelouses; (voir chap. 3, 6, 13, etc.) dépôts qui produiront à leur tour les plus éminents revenus des peuples !

D'ailleurs, on ne saurait trop répéter que l'inépuisable conquête d'alluvion qu'il nous est donné de faire sur les éléments en faveur de la base de notre agriculture ; (voir chap. 5) les moyens de préservation des terres en pente contre les ravines, contre les inondations; (voir chap. 3, 4, 6, 12, 13, etc.) la position respective des cultures, etc. (chap. 18) ne pourraient être exécutés que très imparfaitement sans une puissante direction.

Que ces hommes, que les peuples ont choisi, affectent à ces

importantes améliorations autant de soins et d'encouragements qu'il leur sera possible de disposer ; car c'est bien là qu'une bienveillante sollicitude portera les fruits les plus prospères, plutôt qu'à certains objets, tels que (par exemple) l'engraissement de quelques têtes d'animaux où un peu de soin suffit à qui que ce soit pour l'obtenir.

3.   C'est en effet, comme nous l'avons vu chap. 1, 2, 3, 5, par une bonne combinaison des eaux et des terres et avec le charrois des premières que nous obtiendrons en abondance au moyen des fourrages tout ce qui est nécessaire à notre nourriture. (chap. 2) Mais s'il est encore bien établi que par de vastes multiplications de pelouses combinées aux arrosages torrentiels (voir chap. 12), nous obtenons : 1° Le plus efficace et le plus productif des moyens de nous opposer aux inondations ; 2° le plus efficace et le plus productif moyen de préserver le sol en pente en y constituant la couche végétale de même que sur les terres en plaine, (voir chap. 14, 15) aucun sacrifice ne saurait être mieux placé, puisqu'il s'agit de constituer pour toujours la richesse des peuples !

4.   Déjà les sociétés modernes avaient senti le besoin d'encourager l'agriculture ; mais il est facile de constater combien dans le principe on a été loin de comprendre sur quelle partie du gigantesque végétal qui nourrit, tout les soins devaient être affectés ; car il s'agissait alors comme aujourd'hui d'obtenir de toute part des récoltes plus abondantes en faveur de la nourriture et du bien-être des peuples ; et pour cela, au lieu de chercher à grandir les divers produits en agissant sur la partie qui pouvait donner de l'extension à leurs racines et en les fécondant ; on a évidemment, faute de connaître le remède à appliquer, renversé l'ordre de la nature, en agissant sur les positions les plus éloignées des racines, en accordant des primes à ce qui servait à la consommation des meilleures récoltes.

5.   On a en effet pour les encouragements donnés aux tiges les plus prospères de l'arbre, par exemple, aux animaux de boucherie, à ceux de plus belle qualité, obtenu quelques en-

graissements extraordinaires ; mais ces faveurs, qui ne pouvaient agir que sur environ la millième partie des animaux, pour ceux que la nature avait déjà bien embellis, abandonnaient la masse ; et surtout les espèces qui en auraient eu le plus besoin, à l'ancienne routine, qui continue toujours à ne donner qu'une nourriture insuffisante. En sorte que ce procédé s'éloignait d'autant plus du but très utile qu'il s'agissait d'atteindre ; puisqu'on se proposait d'augmenter la viande de boucherie 'afin d'en faire baisser le prix en faveur d'une nourriture plus abondante pour les peuples ; et il n'en est résulté que quelques beaux animaux au dépens de la masse.

D'abord pour accroître la somme des engrais, et même toute autre récolte, il est bien prudent *d'éviter tout ce qui risque de favoriser un produit au détriment d'un autre* (ce qui n'a pas été assez considéré) et chercher plutôt à *augmenter les matières premières*, soit accroître la nourriture des bestiaux afin d'avoir pour mieux nourrir et mieux engraisser la masse du bétail, soit, selon cette sage maxime de Caton : « Faire pousser deux brins d'herbe où il n'en poussait qu'un. »

6. Tandis qu'environ le tiers de notre sol, au moins 15 millions d'hectares des terres stériles du flanc des montagnes et des plaines arides, restent incultes, improductifs, faute de soins !

Mais ce qu'il y a de pire : c'est la ruine progressive des déclivités occasionnée même par l'homme, faute de direction (voir chap. 10, 11, 16, 18, etc); c'est les terribles ravages que ces terres excoriées occasionnent par les inondations qu'elles forment ! Lorsque tout bien combiné et dirigé peut constituer le plus bel avenir de nos récoltes. Les bestiaux étant généralement très mal nourris faute de fourrages, la masse reste chétive et donne très peu de rapport. Ainsi malgré des sacrifices très considérables,les prix de la viande de boucherie, nos achats à l'étranger en animaux et en grains avaient renchéri jusqu'à présent ; en sorte qu'au lieu de l'abondance qu'il s'agissait d'obtenir, la France, qui est placée à des conditions de climat de température et surtout d'arrosages qui ne laisse rien à désirer, se voit tributaire des autres pays pour de sommes énormes tous les ans ! Tandis que si les mêmes sacrifices avaient été affectés aux irrigations et à la mise en rapport de nos terres délaissées ; si notre patrie avait eu les prairies qu'elle possède bien dirigées et bien arrosées par les eaux bourbeuses ;.(voir chap. 12) si elle profitait seulement un quart des immenses charrois (voir chap. 5) que ses eaux emportent ; elle pourrait nourrir et bien engraisser 5 à 6 fois plus de ces animaux, et en fournir en abondance aux exportations, ainsi que des céréales et des fruits jusqu'à être, selon une éminente expression, le grenier de l'Europe.

8.   Ces simples considérations nous démontrent déjà combien peu divers encouragements ont été dirigés vers le but qu'on se proposait, et combien, par conséquent, il est nécessaire de leur donner une meilleure direction, soit donner de la vigueur à tous les produits, en agissant sur la base, d'abord *sur les vastes combinaisons chymiques que doivent nous donner les eaux et les terres ; et principalement sur les parties incultes* où on sera toujours sûr *qu'un produit n'est pas obtenu au préjudice d'un autre.* Tandis que l'engraissement des animaux a non seulement ce vice, mais il est dans certains cas le résultat de graves abus envers la destruction des aliments humains ; car lorsqu'il s'agit pour nos concours d'engraisser promptement un animal, il est trop souvent d'usage, chez certains propriétaires, qu'on lui donne en outre des fourrages, des grains, du pain, des légumes, et tout ce qu'il peut dévorer ; de sorte que les primes risquent ainsi d'aboutir, sans que le Jury puisse le reconnaître, à encourager la *prodigalité ou une destruction très préjudiciable d'aliments humains,* destruction qu'une sage économie conseille au contraire de réprimer vigoureusement.

9.   Les encouragements aux animaux de boucherie présentent encore un autre vice, c'est que les faveurs qu'on accorde s'éloignent d'autant plus de l'équité ou de la morale, qu'il n'y

a que le riche qui puisse les obtenir, parce que lui seul, pour avoir les honneurs, peut aventurer des sommes en grains et légumes à cet espèce de jeu de hasard, où il gagne trop souvent au moyen d'une dépense excessive, où l'économe ni le pauvre ne peuvent, ni ne doivent le suivre.

10. Déjà ces regrettables procédés ont été quelque peu compris par nos plus éminentes sommités agricoles; et l'Administration a commencé de diriger des faveurs vers d'autres voies bien plus fécondes.

Déjà de vastes étendues incultes des Landes, de la Sologne, etc. ont été amenées à l'agriculture. L'Administration est venue en aide à ces pays où comme aux montagnes la direction, l'argent, les routes, l'ordre manquaient; et il est clair que si les avantages qu'offrent les combinaisons des charrois bourbeux avec les pelouses avaient été connus, divers pays en jouiraient déjà.

Il a aussi été accordé des primes, dans chaque département où ont lieu les concours régionnaux, aux agriculteurs qui dirigent le mieux leurs propriétés. Cette autre précieuse innovation a déjà obtenu sur les grandes propriétés de beaux résultats, et elle constitue un acheminement vers cette direction encore plus essentielle des combinaisons des terres et des eaux où il faudra tôt ou tard affecter les principaux soins.

11. Cette émulation aux grandes propriétés aboutira aussi inévitablement à une augmentation et repartition plus équitable de ces sortes de primes, afin que les petits propriétaires aient leur petite part; car s'ils sont les moins instruits, c'est souvent faute de moyens; et ils ont par conséquent les plus grands besoins d'émulation, de direction et de secours.

D'ailleurs il ne faut pas perdre de vue qu'il s'agit de donner de la vigueur à toutes les pousses de l'arbre, et pour cela il est nécessaire que la sève puisse aboutir aux faibles rameaux, puisque c'est là qu'elle doit porter le plus de fruit, attendu que les petits propriétaires sont en France, où le sol est si morcelé, cinquante fois plus nombreux que les grands.

12. Sans doute la difficulté de vérifier, de comparer, ensemble de nombreuses parcelles, a dû dès le principe s'opposer à l'extension des encouragements à la petite propriété. C'était là en effet un obstacle assez sérieux pour ralentir la marche vers cette voie ; mais aprésent que les premiers pas sont faits, aprésent que l'Administration reconnaitra l'absolue nécessité d'une surveillance active, autant envers les dangers d'incendie des bois, (voir chap, 11 , art. 20 et suiv.) que pour la préservation, l'entretien, l'arrosage, etc. des pelouses, ou autres cultures préservatrices des terres en pente, il sera facile, tout en surveillant ces terres et au moyen de plans, de se rendre raison des progrès obtenus jusques sur les plus petites parcelles.

Cette difficulté de comparer les propriétés disparaîtra donc à fur et à mesure que les dispositions que j'ai indiqué chap. 17, 18, 19 se constitueront, surtout vers les montagnes. Et nous avons tout lieu d'espérer qu'une fois que ces puissants moyens d'obtenir nos grandes améliorations seront connus, la nécessité d'accorder un plus grand nombre de primes et toutes les faveurs possibles, surtout aux cultures préservatrices, en vue d'une bonne combinaison des eaux et des terres, ne permettra plus d'hésiter.

On peut même prévoir, que bientôt la place des mêmes cultures sera partout désignée et encouragée sur les terres à forte pente ; car l'Administration, les sociétés agricoles et les législateurs ne tarderont pas à connaître les impérieux besoins des terres déclives ; et les hommes qui réfléchiront aux divers avantages qu'offrent les pelouses combinées aux charrois des eaux, voudront sans faute en activer l'extension par tous les moyens en leur pouvoir.

13. Les bons instruments de travail, l'acclimatation, la réproduction de belles espèces d'animaux dont certaines contrées de la France sont encore dépourvues, méritent sans contredit les soins des propriétaires et même les faveurs des administrations; mais sans perdre de vue ces agents de prospérité, il est visiblement d'un bien plus haut intérêt d'obtenir *des bou-*

leversements formidables des terres par les eaux (voir chap. 4 à 5,) *cette source inépuisable de produits* (voir chap. 2, 6, etc,) *où l'abondance des récoltes* !

14. Or, nous avons vu chap. 16 à 19, que ces divers travaux d'une longue prévoyance, digues, canaux, pelouses, etc. malgré les revenus relativement bien supérieurs qu'ils sont susceptibles de produire, (voir chap. 8, art. 12 et chap. 17, art. 12, 13, 14, 16,) malgré la simplicité de leur exécution, ne peuvent à cause des avances, à cause de la haute direction qu'ils nécessitent, ou à cause du morcellement des terres, se passer de la coopération de l'État. Tandis que des objets plus faciles à exploiter où un peu de prudence ou d'adresse suffisent, doivent nécessairement prendre place après ce travaux.

15. PASSAGE DES EAUX. Le passage des canaux à travers la propriété d'autrui est un obstacle souvent très difficile, contre lequel il serait très nécessaire que notre *code rural* ou une loi plus large que celles que nous avons, facilitent beaucoup plus ces passages, afin que nos irrigations torrentielles n'éprouvent pas des retards ou la longueur de longs procès; car il faudrait ici considérer qu'il s'agit de maîtriser les eaux dévastatrices, qui sans ces soins s'agglomèrent et traversent les propriétés en y creusant de larges et profonds ravins s'en s'enquérir de leur droit de passage.

Il serait donc équitable, que celui qui se charge de les conduire et les absorber sur les pelouses réglées et mesurées, puisse les passer en offrant la valeur des dommages, ou en donnant caution, sans être interrompu dans de si utiles travaux par des procès.

16. MULTIPLICATION DES FERMES. L'éloignement ou se trouvent de leurs terres les cultivateurs, par suite de la réunion de vastes étendues aux villes et villages, est souvent une cause du peu de produit de ces terres éloignées, car les travaux, déjà si pénibles sur les terres à forte pente, où il faut tout transporter à dos d'homme ou de mulet (voir chap. 10 et chap. 18. art. 17), le sont encore plus par ces éloignements où se trouvent beaucoup de parcelles.

17. A présent que par les puissants moyens que les eaux nous fourniront pour fertiliser le sol, (voir chap. 3, 5, 6, 8, etc.) les populations pourront beaucoup augmenter sur les terres stériles ; il serait très important d'encourager la création des fermes rurales sur les collines éloignées des villages ; car en ajoutant à cette mesure plus de facilité aux échanges des parcelles , chaque propriétaire pourrait avoir son bien beaucoup plus facile à exploiter , plus à portée de soigner ses irrigations , etc.

18. RÉSUMÉ. C'est enfin aux principales mesures de prévoyance que les soins des administrations, et ceux des hommes qui veulent le bien-être présent ou futur des peuples, doivent être affectés préférablement.

Ces mesures embrassent en première ligne : 1° *La conquête des alluvions ;* 2° *La préservation des terres en pente ;* 3° *La préservation des inondations ;* 4° *L'établissement des prairies à pelouses qui sont la base de nos récoltes et de nos grandes solutions !*

C'est aux engins qui par leur ensemble résolvent ces grands problèmes que les primes et secours de toute espèce sont le plus nécessaires. Tels sont : 1° Le gazonnement et irrigation du sol en pente ; (voir chap. 14) 2° L'entretien et fertilisation des pelouses ; (chap. 12, 13) 3° Les digues-à-grille et canaux d'arrosage ; (chap. 5) 4° Les plans de direction, écoles, professeurs d'agriculture, gardes supérieurs, fermes modèles, assainissement ou drainage, moyens d'échange. (chap. 15 et s.)

Mesures indispensables que les efforts individuels ne sauraient accomplir, et que j'ai déjà eu l'avantage de signaler en 1858 dans mon rapport comme commissaire enquêteur d'agriculture, *comme présentant les améliorations tout à la fois les plus importantes et celles qui ne pourraient être réalisées sans ce secours.*

19. Les encouragements à des travaux d'un intérêt si général auront de plus l'avantage d'être repartis le plus équitablement possible ; car ils pourront atteindre jusqu'aux plus petits propriétaires et jusqu'au simple ouvrier, auquel ils pro-

cureront l'abondance, autant dans les villes que dans les campagnes : ensuite *par les charrois des eaux les produits du sol étant plus faciles à obtenir, le bien être général en résultera.*

Tandis que si les hommes à qui une aussi haute responsabilité est dévolue, abandonnent les eaux et les terres aux détestables pratiques que j'ai voulu leur faire connaître ; (voir chap. 7, 8, 10, 11, 12, 13, etc.) S'ils laissent ces principaux éléments de la richesse publique sans aucun régime qui s'oppose principalement aux grandes catastrophes des eaux ; le grand bien auquel le Créateur a destiné cet élément se convertit en de maux terribles qui dévastent de plus en plus le flanc des montagnes, répercutent sur les vallées jusqu'à emporter les maisons et les habitants. Or, les procédés les plus facilement praticables et les plus productifs pour convertir tous ces maux en bien ou pour en obtenir de riches récoltes, *sont infailliblement, et ne peuvent être ailleurs que dans le genre de culture que j'ai indiqué chap.* 2, 3, 14, *etc* ; culture qui loin d'avoir le défaut d'en supplanter d'autres, ou de trop épuiser le sol, *donne non seulement des revenus sur des terres stériles où rien autre ne pourait vivre,* mais elle a cet autre avantage qu'aucun procédé connu ne peut égaler , *c'est d'absorber un terrible fléau dévastateur pour produire d'autant plus de profit.*

CHAPITRE 21.

RÉSUMÉ DE CE MÉMOIRE, nécessité pour la France de concourir au plûtôt aux améliorations que les besoins des peuples réclament.

1. J'ai d'abord indiqué les quatre grands problèmes que la France a les plus impérieux besoins de résoudre :

1° *Préserver les terres en pente* contre les dévastations torrentielles (voir chap. 3, 4) ;

2° *Prévenir les inondations* contre les ravages de **nos** vallées (voir chap. 3, 4);

3° *Faire la conquête des riches alluvions des eaux* pour enrichir les terres (voir chap. 5) ;

4° *Améliorer l'agriculture* par les prairies qui en sont la source (voir chap. 2, 6) ;

2. La nécessité, l'importance majeure de ces quatre solutions ne sauraient être mises en doute par personne ; mais les moyens de les obtenir, malgré une foule d'écrits et de recherches, étaient resté sans résultat, je pense, par de causes naturelles que la grande simplicité avait caché aux savants (voir chap. 8, art. 23, 25, etc).

Divers remèdes étaient toutefois proposés par ces écrits, mais l'insuccès de ces remèdes dont j'ai indiqué les principales causes (voir chap. 10, 11, et chap 7, 12, 13, 16, etc.) laissait environ le *tiers* de l'étendue de la France dans un aussi facheux état de dépérissement que ce que le sont les páys d'Afrique ou le Nil, le Sénégal, etc. chargent la riche alluvion qu'ils charrient; car, pas plus prudents de ce côté que ces peuplades, nous laissons emporter, par notre faute et par une imprévoyance qui ne cadre guère avec la civilisation de ce siècle, les richesses dont j'ai signalé l'immense valeur chap. 5, 9 ; richesses pourtant démontrées de nos jours par plusieurs écrivains notamment, par M. Teissier : *études sur les alluvions des eaux*, encore dans un écrit officiel que j'ai signalé chap. 5, art. 9.

3. Mais *faute d'un moyen pratique* de conquérir ces alluvions au lieu de retirer de nos cours d'eau, dans les saisons qu'ils sont bourbeux, les grands avantages qu'ils sont susceptibles de procurer à notre agriculture, les terres en pente surtout où nous pouvons si avantageusement nous en emparer, (voir chap, 14) sont dans un tel état de ruine, précisément à cause de la grande quantité de ces engrais, que les eaux chargent

et enlèvent au sol, que les peuples ne peuvent y vivre, et se voient dans la fâcheuse alternative, soit d'aller pendant certaines saisons travailler ailleurs pour subvenir à leurs besoins, soit de s'expatrier !

Cette dernière détermination que tous nos recensements attestent dans nos pays montagneux, constate avec trop de force la nécessité pressante d'y porter un remède plus efficace que ceux qui ont été jusqu'àprésent proposés. Quelques chiffres sur nos achats à l'étranger démontreront encore mieux que tout ce qu'on pourrait dire la nécessité de remédier à ces maux des montagnes, d'où repercutent les inondations ; et d'accroître en même temps la source qui peut rendre notre agriculture plus productive.

La moyenne des trois dernières années de l'importation de la France, en sus de ce quelle a exporté, se porte à 23,000 bœufs, 44,500 vaches, 24,664 veaux, 300,000 moutons ! La somme des grains n'est pas plus rassurante, car la moyenne de 30 années accuse un déficit par an de 1,566,672 hectolitres !

Combien l'immense capital représenté par de si fortes sommes de revenu que nous donnons à l'étranger ferait-il grandir la fortune territoriale de la France, vu la dépense si avantageuse, (voir chap. 17, art. 10, 14, etc.) vu le crédit dont elle dispose? et avec quelle facilité une bonne direction de nos eaux bourbeuses, combinées aux prairies à pelouses, peut tourner à son avantage ces sommes et de bien plus grandes? voir chap. 5, 8, 9.

4. J'ai indiqué chap. 1, 2 et 7 *les trois principales clefs* qu'on avait ignorées, et *sans lesquelles nous ne saurions faire la conquête des immenses revenus que peuvent nous fournir les alluvions des eaux, revenus qui sont de fait la base de nos grandes solutions ; car sans produit,* je l'ai démontré chap. 10 et 11, *tout système contre les inondations et destruction des terres en pente ne pourrait que crouler.*

En effet, sans la première de ces clefs, c'est-à-dire lorsqu'on n'avait pas compris *la connexité de ces quatre problèmes*, il est clair qu'une solution pratique ne pouvait aboutir ; car *il fallait d'abord nécessairement combiner les charrois bourbeux avec les prairies afin de rendre les travaux productifs.* Or, cette combinaison nous donne d'abord les deux premiers résultats, savoir : 1° *la conquête des riches engrais des inondations, base de tout le système auquel il faut absolument les pelouses,* voir ch. 5, 6, 12, 13,) mais celles-ci combinées aux alluvions produisent, 2° *l'abondance des fourrages des fruits, des bois, etc. qui constituent la base de toutes nos récoltes* (voir chap. 2, 5, 6, 8, 9, etc.)

5.   Voilà donc bien deux grands problèmes enchaînés d'une manière inséparable et résolus ensemble par un simple arrosage de prairies à pelouses ; mais ces prairies en étant postées sur les terres à forte pente, sur celles-là même où il faut empêcher le ramassis des eaux pluviales, et par conséquent des inondations, ces pelouses, dis-je, donnent du même coup et sans autre travail les deux autres grands résultats, puisque, 3° *elles préservent merveilleusement contre les pluies torrentielles les terres qu'elles occupent, à quelle déclivité qu'elles soient* (voir chap. 14, art. 2, 4, 5) ; 4° *elles absorbent de deux manières très efficaces les inondations* sur les terres même qui les produisaient, puisque d'un côté, ces terres en infiltrant les pluies dans le chevelu des pelouses (voir chap. 2, art. 6 et chap. 13) ne ramassent plus des eaux pluviales, ce qui réduit proportionnellement les espaces où les eaux des inondations s'aglomèrent. D'un autre côté, soit pendant les plus fortes pluies, soit après, elles absorbent aussi abondamment les cours d'eau qu'on y dérive selon les procédés chap. 7, 12, 13.

6.   Ainsi nos quatre grands problèmes sont facilement solubles, non seulement avec économie, mais encore avec des revenus susceptibles dans plusieurs positions de rembourser en deux ou trois ans les capitaux (voir chap. 17. art. 10, 12. 14). Pour obtenir ces immenses résultats il faut absolument que les quatre questions marchent de pair ; il faut qu'en travaillant à la source de nos récoltes, *source qui gît évidemment*

dans les arrosages bourbeux des prairies à pelouses (voir chap. 2), il en résulte tout à la fois nos trois autres grandes solutions, et de plus les avantages spécifiés chap. 9, art. 10, avec un embellissement magnifique de toutes les contrées où on pourra amener des eaux bourbeuses.

De sorte que la structure géologique des terres, du moins la couche végétale des parties ainsi arrosées, en sera par la suite transformée complètement. Amélioration d'une portée incalculable surtout en faveur des générations futures, et que l'homme par tous les mélanges que son génie pourrait lui faire découvrir n'obtiendrait jamais; tandis que par les vastes combinaisons que forment les eaux, et par leurs formidables charrois d'alluvion, charrois *qui s'élèvent pour la France à plus de deux cents millions de mètres cubes par an* (voir chap. 5, art. 14); si seulement une partie de ces charrois sont distribués par une bonne direction sur les pelouses, on pourra aboutir dans moins d'un quart de siècle à la régénération complète de ce tiers du sol stérile que la France possède (voir chap. 9, art. 1, 2).

7. Les prairies à pelouses peuvent en effet être répandues en peu de temps sur les contrées arides; soit pour y rester en permanance comme cela est nécessaire sur les terres à forte pente, soit pour être alternées avec d'autres cultures dans les positions non exposées aux dégâts des eaux (voir ch. 14, 15) mais où qu'on place ces pelouses, il suffira d'y répandre des eaux bourbeuses en quantité aussi considérable que possible; ces eaux en s'y infiltrant enrichissent peu à peu le sol par leur alluvion combinée au détritus des pelouses; en sorte qu'au bout de quelques années, quelquefois après 7 à 8 bons arrosages, la valeur du sol se trouve plus que doublée, et peut devenir par la suite aussi riche que nos terres les plus fertiles!

Il est donc facile de comprendre que les bois, ni aucun autre système ne sauraient être comparés à ces combinaisons, soit au point de vue des revenus, soit au point de vue de l'absorption des eaux, de la préservation du sol, etc. (voir chap. 11).

Les prairies à pelouses jouissent de plus d'une autre qualité qu'aucune autre culture n'égale : c'est que tout en donnant de bonnes coupes de fourrage , elles peuvent nourrir des arbres, et même produire des fruits des plus beaux, (voir chap. 6, art. 8, 9), souvent sur des terres où auparavant rien n'aurait pu vivre. Les bois et les fruits de ces prairies pourraient même par la suite produire suffisamment pour la consommation de divers pays.

D'un autre côté les fourrages étant comme nous l'avons vu chap. 2 la source de tous les produits du sol , et *ces produits étant susceptibles d'augmenter presque à volonté , sur les terres qui auparavant ne produisaient que des ravines ;* vu que les charrois bourbeux fertilisent le sol, et exhaussent la couche végétale à l'instar des dépôts que les eaux laissent sur les plaines submersibles , et que les débordements naturels ont rendues si fertiles ! (voir chap. 5, art. 3, 4, 5, etc.) *Nul doute que cet accroissement de la base de nos cultures ne donne à l'avenir une immense augmentation de produits de toute espèce.* (voir chap. 6, 8, 12)

8.   Il suit de là que les prairies à pelouses combinées aux irrigations torrentielles sur le flanc des montagnes, *sont tout à la fois le remède le plus susceptible de revenu, et le plus efficace,* pour obtenir la solution la plus avantageuse à nos importants problèmes. Je dois même ajouter selon la conviction que j'ai acquis dans cinq années de recherches consécutives dans cette voie en pratique et en théorie, *que nulle force humaine ne saurait employer de plus avantageux, ni de plus puissants procédés.* Les remparts et les arbres qu'on a souvent la prétention d'opposer aux courants torrentiels, sont attaqués et souvent abattus par ces courants ; tandis que de souples pelouses fléchissent sous ces eaux lorsque le volume est trop considérable ; mais de riches limons et engrais se logent dans les herbes et les racines; de sorte que ces pelouses se défendent très bien, et le sol en est toujours amélioré.

Nous pouvons donc *obtenir par l'art, et jusques sur les terres qui ont les plus hauts degrés de pente* (voir chap. 14, art. 4) *ce que la nature a fait pour ces plaines privilégiées telles que l'É- gypte et autres vallées si riches.* Et malgré que les crues de nos cours d'eau n'aient lieu qu'à des époques très irrégulières, mon système de pelouses et d'irrigation se prête si bien à leur ir- régularité, *qu'il est possible de jouir des alluvions avec autant et peut être plus de profit que ces vallées avec leurs débordements réguliers !*

9. LES VOIES ET MOYENS pour l'établissement de ces pe- louses et irrigations torrentielles sur les déclivités du flanc des montagnes et autres terres stériles, ne présentent aucune dif- ficulté sérieuse, vu les avantages rémunérateurs que les prairies produisent bientôt après ; la principale difficulté sera, je le crains le retard plus ou moins long qu'il faudra pour que chacun apprécie la portée, ou les avantages divers de mon système ; d'abord au point de vue de l'intérêt privé, ensuite au point de vue de l'intérêt social, où les grandes solutions qu'il résout sont si complexes et si importantes ! Et celui qui voudrait se convaincre par des essais avant d'agir, perdra inévitablement un temps précieux. J'ai dû moi-même, je le repète, pratiquer et étudier pendant 5 à 6 ans mes procédés avant d'en apprécier tous les divers avantages. Il est toutefois clair que les jalons que je dresse, pourront en faciliter beaucoup la pratique et la théorie; de sorte que le propriétaire éclairé pourra bientôt être convaincu, et il pourra par conséquent bientôt agir du moins si ses terres sont dans les conditions d'indépendance expli- quées chap. 16, art. 4, 5.

Mais pour les parcelles où il est besoin de grands canaux, là où divers obstacles nécessitent l'intervention de l'État, les difficultés pour établir une organisation régulière risquent d'en retarder beaucoup plus la mise en pratique, que les dif- ficultés d'argent. De ce côté, en effet, le grand crédit dont jouit la France ; ensuite les revenus de ces prairies, sont si encou- rageants, qu'une fois ces avantages constatés, une fois qu'une administration dirigera la marche ; on pourra s'attendre à une transformation et une régénération rapide , surtout des contrées les plus déclives du flanc des montagnes , et des terres arides des autres localités. (voir chap. 14, 15.)

10. Sitôt que les propriétaires auront compris les avantages que les arrosages bourbeux peuvent leur procurer en faveur de l'amélioration de leurs terres , ils n'hésiteront pas de les mettre en pratique au plutôt ; et ne puiseraient-ils qu'à des petits ravins qui ne grossissent certaines années que 2 ou 3 fois ; comme qu'il en soit les alluvions répandues depuis les parcelles les plus stériles jusques sur les terres encore susceptibles de quelque produit, y portent des mélanges toujours plus parfaits que le sous sol où on les conduit ; car ces engrais ont toujours la qualité d'accroître la production des terres.

11. Pour les cultivateurs qui doivent construire des ouvrages d'art considérables, et qui n'ont pour la plupart ni le moyen d'éxécuter ces ouvrages , ni la capacité d'en comprendre la portée ; soit enfin pour divers motifs que j'ai mieux détaillé chap. 16, 17 à 20, il est d'une absolue nécessité, pour obtenir une marche régulière et rapide, qu'une organisation supérieure intervienne.

J'ai déjà dit que l'initiative individuelle est tout à fait dans l'impossibilité de diriger les travaux d'ensemble qui embrassent dans plusieurs cas de vastes étendues ; mais il y a tout lieu d'espérer qu'une fois la coopération de l'État reconnue indispensable ; une fois que l'efficacité de mes procédés sera vérifiée, (la pratique dont j'ai les preuves si évidentes au Vivier, (voir chap. 8) justifiera sur mes terres et bientôt ailleurs ce que j'affirme.) Personne ne serait excusable d'attendre de nouvelles catastrophes pour agir , attendu d'ailleurs que la *question agricole suffira seule et bien au delà qour garantir les déboursés !* (voir chap. 17, art. 8 et suiv.)

12. La puissante initiative de notre Empereur qui est toujours en avant pour tout ce qui peut constituer le bonheur des peuples , trouvera dans l'organisation et le régime à donner aux

terres et aux eaux de la France, *la plus profitable des entreprises que les siècles passés aient vu surgir !*

Déjà Sa Majesté avait sollicité la prompte exécution de celui de ces quatre problèmes (voir chap. 4, art. 5) qui, au point de vue de la sécurité des riverains de nos fleuves, se montrait le plus pressant.

Aprésent qu'en sondant ce problème, il en est surgi la découverte de sa connexion avec trois autres qui ont leur fondement sur la même base, ou sur le même principe de solution, et qui sont aussi pressants et aussi indispensables à résoudre ; aprésent que de cette découverte résulte le moyen d'obtenir du même coup les plus importantes améliorations que les peuples aient jamais cherché de résoudre ; cela par le travail le plus simple, le plus pratique et qui peut rapporter le plus de revenu, en amenant tout à la fois nos terres stériles et notre agriculture à leur plus haut degré de prospérité ; il ne manque donc que de se mettre à l'œuvre le plus promptement et le plus énergiquement qu'il sera possible.

13. Notre patrie, presque entourée de mers, se trouve aussi admirablement placée envers les arrosages. Des pluies très salutaires viennent fréquemment féconder, assainir le sol; mais les déclivités des montagnes dégarnies de végétaux, piochées ou défrichées par une foule de fausses pratiques, que l'homme dans son ignorance y a introduit (voir chap, 10, 11, 12, 13, etc.) les eaux s'y agglomèrent lors de fortes pluies dans plus d'un million de ravins et torrents; ces eaux dans leur chûte démolissent la surface trop remuée de la croûte terrestre, la lavent et emportent dans plus de 10 mille cours d'eau, donc quelques-uns très considérables, les masses énormes d'alluvion que j'ai signalé chap. 5.

14. Lorsque cette infinité de torrents du même bassin donnent à la fois, si les pluies durent jusqu'à ce que les plus éloignés arrivent, il en résulte les terribles inondations qui ravagent si fréquemment et d'une manière si effrayante les riches vallées de nos fleuves ! inondations qui ne pourraient

que s'accroître de plus en plus en intensité, vu que le faux régime qui les produit sur les terres en pente y progresse continuellement ! Cet *état déplorable s'aggraverait donc encore plus, et cela, malgré les lois nouvelles et anciennes en faveur du boisement des montagnes* (voir chap. 11, art. 16 et s.) *jusqu'à ce qu'un remède pratique et productif viendra remédier à l'état de ruine des terres en pente.*

Ce remède, je l'ai donné aussi efficace, aussi productif et aussi infaillible qu'il puisse l'être, et tel que nul autre ne pourrait lui être comparé, puisque lorsqu'il sera bien compris, les ravages des eaux en lavant les rochers, les sommités inaccessibles aux arrosages, et toutes les terres abandonnées deviendront au contraire très utiles, et seront converties en des immenses revenus ! car dès qu'à ces millions de ravins et torrents nous opposerons dans l'ordre inverse des millions de canaux, pour les éparpiller sur les pelouses des prairies, ces canaux absorberont d'une part les agglomérations torrentielles, et de l'autre, ces pelouses réduiront les surfaces déclives qui les produisaient. Et par l'immense avantage qui résultera des charrois bourbeux, (voir chap. 5, 6, 8, 9, 12, 14, 17, etc.) notre agriculture recevra précisément du fléau qui la ruinait le plus brillant avenir ! ce qui vaut infiniment mieux que quelle conquête, que quelle riche mine que l'homme puisse découvrir !

15.   Il est donc du plus haut intérêt que notre Gouvernement secondé par tous les hommes qui veulent le bonheur de leurs semblables, combinent les ressources qui seront reconnues nécessaires pour stimuler les populations à résoudre ces gigantesques problèmes ; attendu surtout que par ce remède toute la France se trouve à portée d'en profiter, et toute intéressée à ces indispensables améliorations.

Il est d'ailleurs visible que les travaux de ce genre nécessitent le concours des gouvernements ou des sociétés puissantes homogènes, afin de pouvoir par une organisation régulière diriger dans toutes les directions reconnues avantageuses l'action régénératrice des eaux bourbeuses.

Si les habitants des montagnes voient leurs terres emportées par les torrents. Si déjà les ravages y sont tellement multipliés (voir chap. 4, art. 9, 10) que les inondations s'y formeraient de plus en plus, sans que les peuples de ces contrées aient la direction ou les moyens à eux seuls d'y porter remède (voir chap. 16, art. 4, 5, et chap. 17, 18 etc.) n'est-il pas juste, n'est-il pas du plus pressant besoin et de la plus stricte équité, que tous les membres de la grande famille, et principalement les autorités qui la gouvernent, insistent, de même que pour nos autres travaux d'intérêt général, afin que ces terres et ces eaux qui nourrissent tout reçoivent une direction et des ouvrages d'art à la hauteur des grands dangers qui menacent les peuples? et aussi à la hauteur des immenses améliorations qu'il s'agit d'en obtenir, autant en faveur de l'agriculture et du bien être des habitants des montagnes qu'en faveur des vallées, des villes et autres pays où les arrosages bourbeux pourront être utilisés?

16. L'orsqu'en 1840-41-46-56 etc. de grands malheurs ont éclaté à cause de cet effroyable déréglement des eaux, n'avons-nous pas senti la nécessité de nous unir pour venir en aide à tant de malheureuses victimes? au point que les nations amies ont même voulu concourir au soulagement de ces immenses désastres?

Et ces populations sympatiques n'auraient-elles pas fourni leur obole plus abondante, si elles avaient connu le moyen de guérir le mal, s'il s'était agi de l'empêcher pour toujours?

N'aurait-on pas agi encore avec plus d'ensemble et de force si on avait cru tout en empêchant le retour de ces catastrophes de créer l'abondance des produits de la terre en faveur de toutes les populations exposées aux famines?

17. Nos lois les plus vulgaires ne nous portent-elles pas de même dans plusieurs de leurs dispositions à cette solidarité réciproque?

Si par exemple les divers étages d'une maison appartiennent à des propriétaires différents; ces lois n'obligent-elles pas ces propriétaires à concourir ensemble aux réparations du couvert?

La France dans cet idéal, ne peut-elle pas être comparée à une maison dont les montagnes seraient le toit; toit, qui en place des désordres qu'une fausse direction occasionne, doit mettre à l'abri, et contribuer même puissamment (voir chap. 15 et chap. 9 art. 10, et s.) à la fécondation et régénération de plusieurs parties des étages inférieurs?

18. Par une prévoyance admirable de la nature, les pluies tombent plus abondantes sur les montagnes que dans les étages inférieurs : Cette abondance des eaux partant des plus hautes sommités du Globe, au lieu de produire plus bas de terribles gouttières, et de si grands malheurs ; au lieu de glisser avec tant de célérité vers les mers, sera au contraire repartie sur nos millions de canaux, et par un nombre infini de rigoles d'arrosage où son niveau peut atteindre, merveilleusement postée pour constituer nos récoltes, et le plus grand des bienfaits de la Providence, si nous savons l'utiliser, si nous savons repartir ces eaux à des hauteurs si élevées que possible, les infiltrer et les retenir par degrès avec leur charrois, au moyen des pelouses, et en mot les faire travailler à fertiliser les terres à notre profit.

19. Mais cette prodigieuse quantité de courants torrentiels qui ne peuvent manquer, à tant de titres, de devenir tôt ou tard pour la France des agents de prospérité d'une valeur infinie (chap. 9) ont été occasionnés, et puis repoussés par les cultivateurs ! (voir chap. 7, 12, 13) Les terres en pente où ces agglomérations se forment, au lieu d'avoir reçu une organisation à la hauteur des innombrables avantages que la combinaison de ces deux éléments est susceptible de nous fournir, n'ont reçu au contraire de la part de l'ignorance que des travaux de défrichement qui les ont poussées avec une grande rapidité vers leur ruine! Les bois qu'on avait cru, et que bien des hommes croient encore être les meilleurs préservatifs, s'y trouvent au contraire dans les divers cas que j'ai expliqué ch.

11, art. 16 et suiv. un objet de déceptions pour les propriétaires, une source des incendies, par lesquels les eaux emportent la partie la plus précieuse de la croûte terrestre, et la
réduisent en déserts stériles ! On peut dire en un mot, qu'on
n'a jamais pratiqué dans les terres en pente qu'un chaos ou une
diffusion de cultures, dont le tout semble fait exprès pour accroître progressivement les ravages qu'il s'agit de combattre !

20.   Il ne nous reste donc rien de plus convenable pour mettre
remède à tant de maux, que d'employer cette économie, cette
direction sociale qui nous a mis en tête des premières nations
du Globe, économie où nous avons tant d'hommes du plus
haut mérite qui, comme Parmentier pour l'acclimatation de la
pomme de terre, seront heureux de contribuer à cette acclimatation de nos prairies à pelouses, irrigations torrentielles
et accessoires qui nous manquent, et qui peuvent si facilement
par leur simple et productive combinaison convertir les grands
dégâts des eaux en de magnifiques récoltes !

21.   Car si dans l'ordre immuable de l'Univers, les pluies sont
sans cesse lancées des Océans sur les hautes sommités des
montagnes, pour y laver, assainir, féconder le sol, et nourrir
les peuples ! Si cette merveille immense de la création, au lieu
d'être comprise par l'homme et utilisée à son profit, n'a au
contraire reçu de sa part que du désordre, ou une fausse direction qui en ont fait jaillir les plus grandes calamités publiques ! Puisque par contre, l'ordre social où nous sommes ar-
rivés, peut en y appliquant une direction de cultures, combinée
à une autre somme de moyens préventifs que j'ai expliqué
(chap. 2, 3, 6, 7, 12, 13, 14, etc., chap. 16 et suiv.) moyens
qui ont été constatés (voir chap. 8) par la pratique, peuvent
ramener à leur haute destination de si indispensables éléments
de prospérité. Nul doute, que tous les hommes de bien, en
quel lieu et en quelle position qu'ils se trouvent, ne soient
jaloux de concourir à assurer la base et la source du bien-être
des peuples ; car utiliser au profit de toutes les classes de la
société les immenses bouleversements que les eaux opèrent,

et que la géologie nous découvre à chaque pas sur la croûte terrestre! Employer ce travail formidable des eaux, à charrier sur nos terres de notables parties de ces immenses sommes d'alluvions ou fumiers étudiés chap. 5, pour y constituer la couche végétale, et par conséquent les récoltes ; diminuer jusqu'à réduire tout à fait à néant les inondations, en les faisant servir à l'embellissement et pour ainsi dire à la structure ou à la production des terres !

Convertir en un mot les gigantesques destructions des eaux en des bienfaits encore plus grands et plus multiples !

Tels sont les vastes problèmes que les générations actuelles peuvent facilement résoudre ; problèmes qui ne constituent rien de moins qu'une révolution complète dans le régime des eaux et même de plus d'un tiers des terres principalement des plus stériles !

Je soumets donc mes simples procédés aux propriétaires intelligents, aux membres des Comices et des Sociétés savantes, et surtout aux Économistes, aux Législateurs, et à tous les hommes qui ont de la bonté pour leurs semblables. Je me ferai un plaisir d'en démontrer chez moi (voir chap. 8) la pratique en petit ; et je dois affirmer que malgré l'imperfection de ce croquis qui renferme la matière de plusieurs volumes, jamais un plus puissant et plus efficace moyen n'a paru pour combattre les souffrances de l'humanité.

C'est donc à ce point de vue spécial du bien-être des masses que j'en recommande à chacun la propagation théorique et pratique, afin que la France puisse bientôt jouir des immenses progrès que les peuples ont encore à faire.

FIN.

TABLE DES MATIÈRES.

FIN DE LA TABLE DES MATIÈRES.

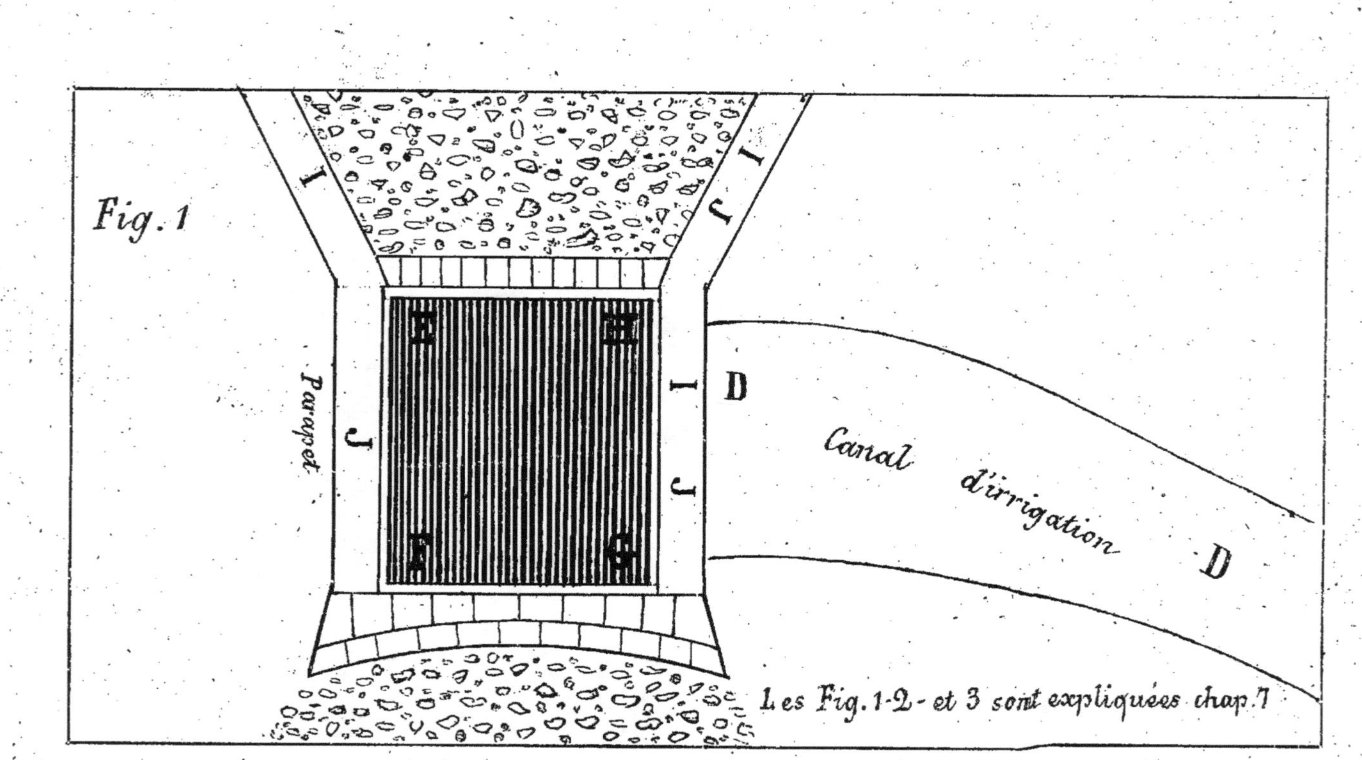

Fig. 1
Canal d'irrigation
D
D
Parapet
I
J
I
J
J
I
Les Fig. 1. 2. - et 3 sont expliquées chap. 7

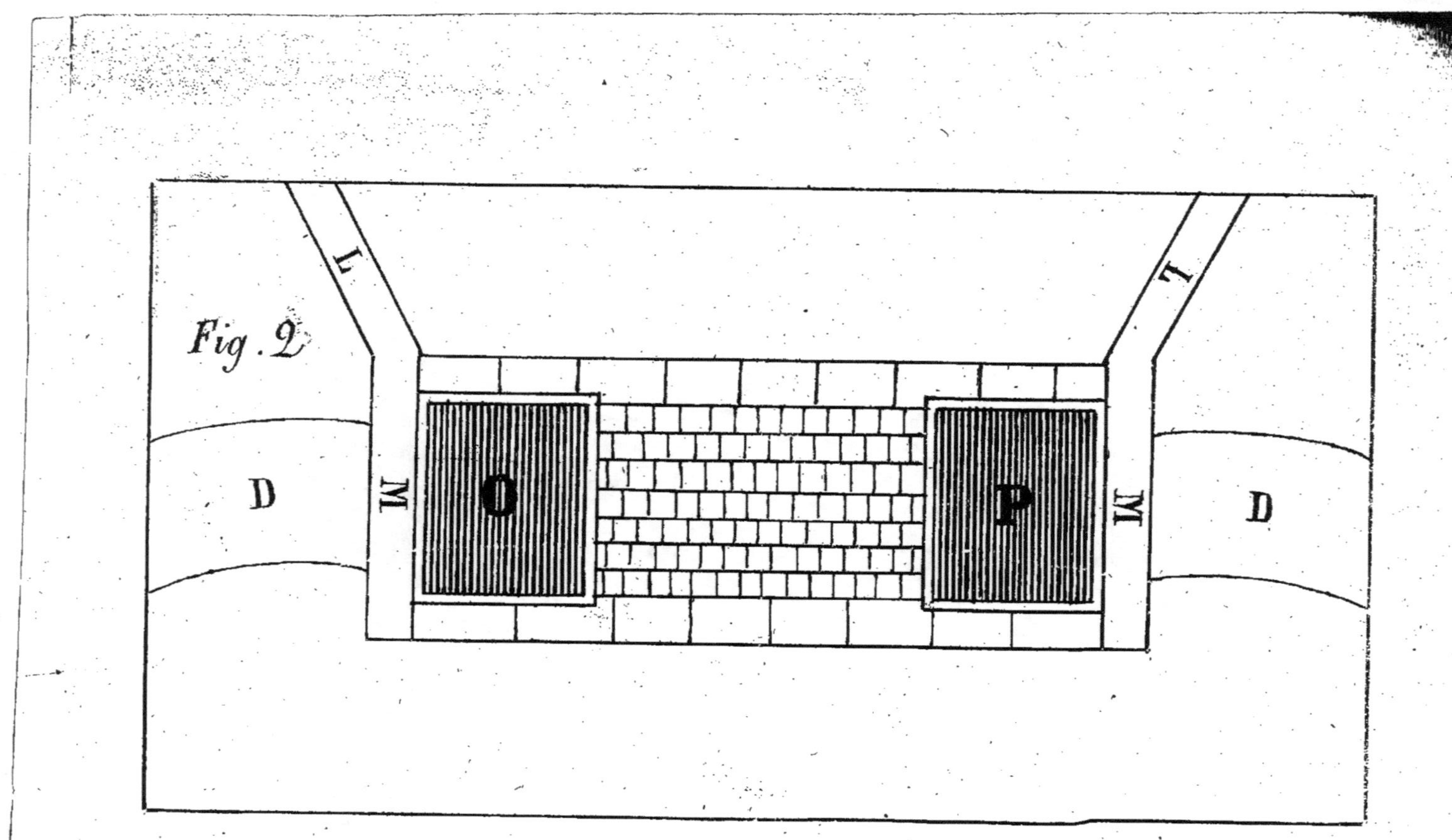

Fig. 2
L
L
D
M
O
P
M
D

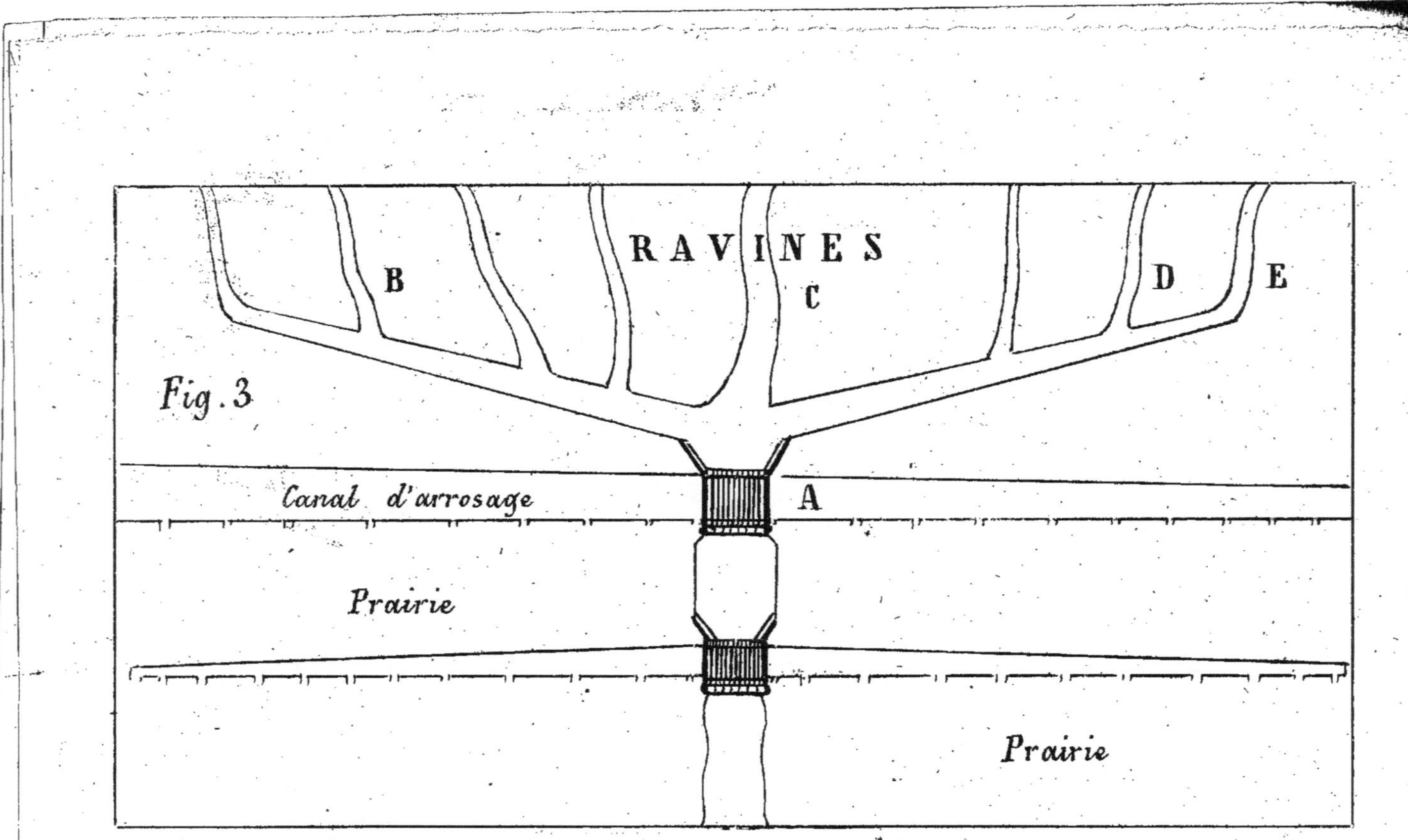

RAVINES
B
C
D
E
Fig. 3
Canal d'arrosage
A
Prairie
Prairie

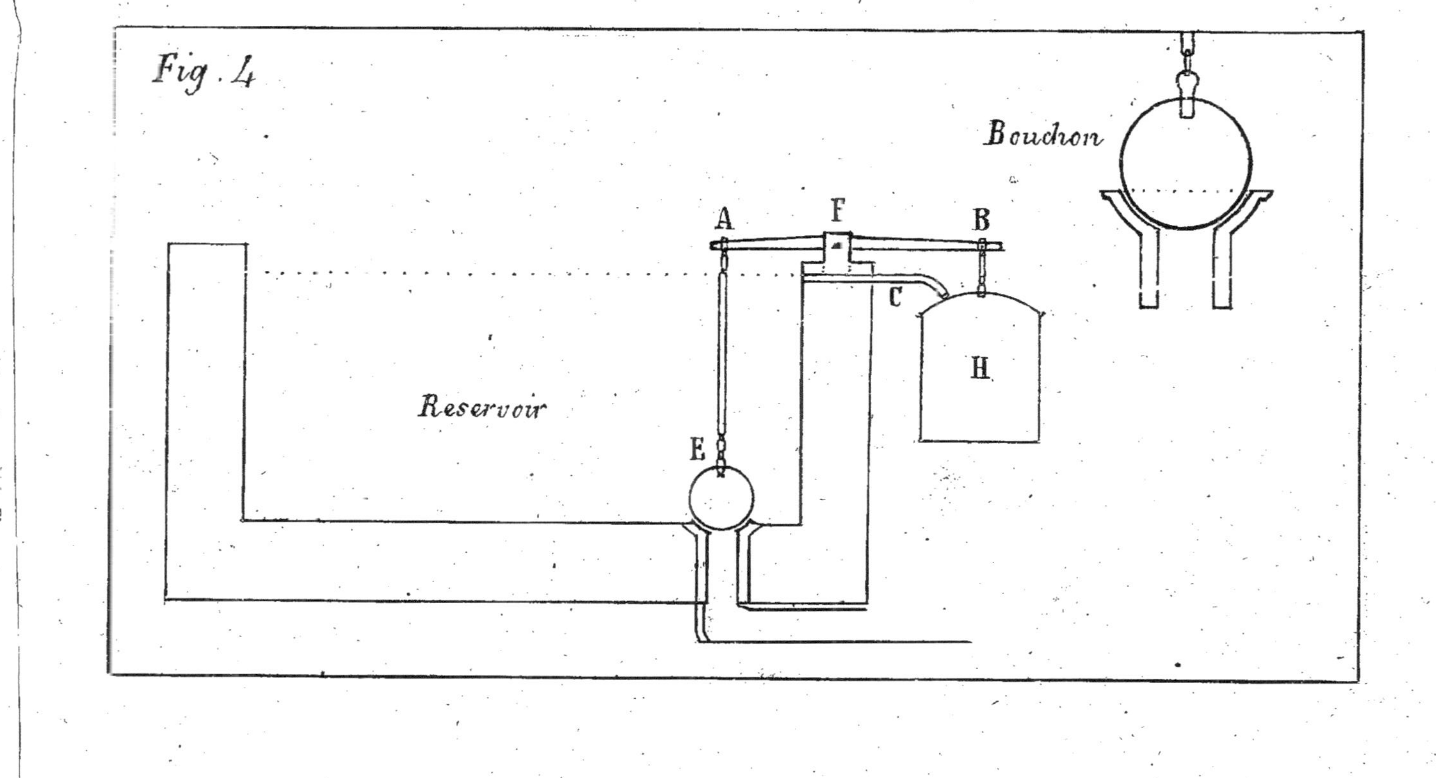

Fig. 4
Bouchon
Reservoir
A
F
B
C
E
H

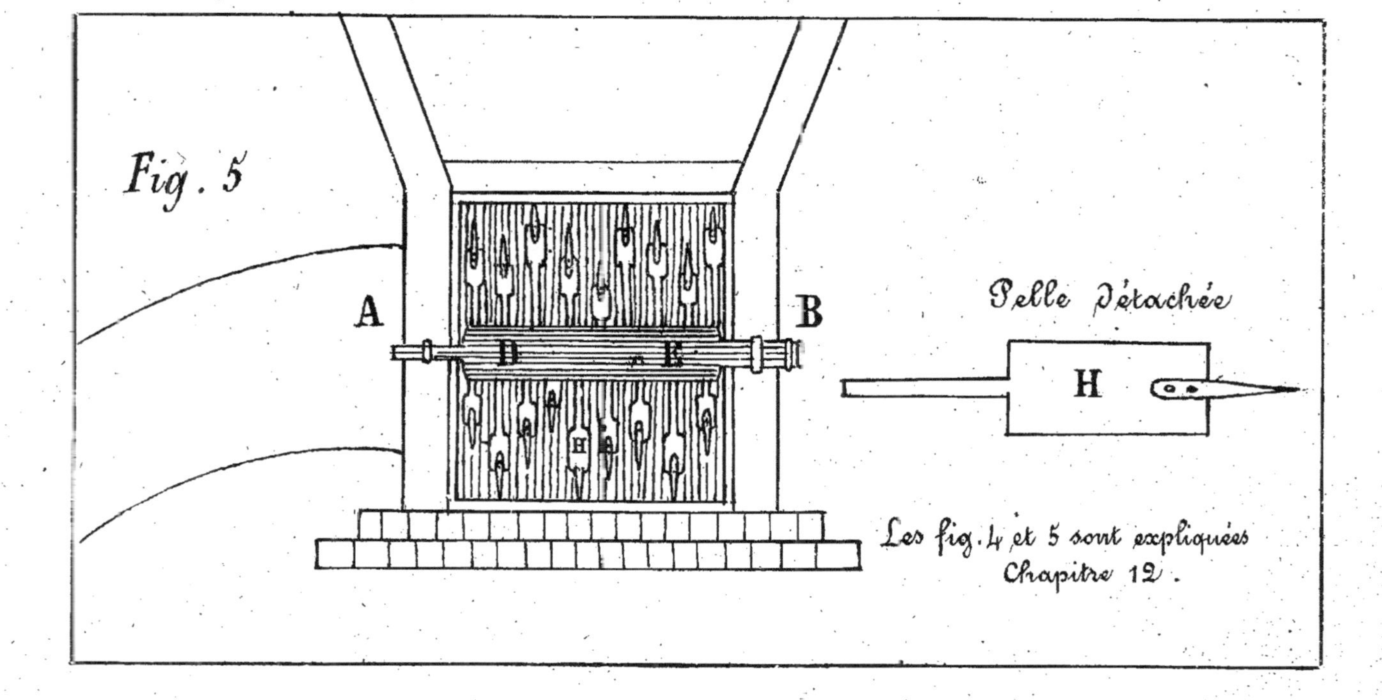

Fig . 5
A
B
D
E
H
Pelle Détachée
H
Les fig. 4 et 5 sont expliquées
Chapitre 12.

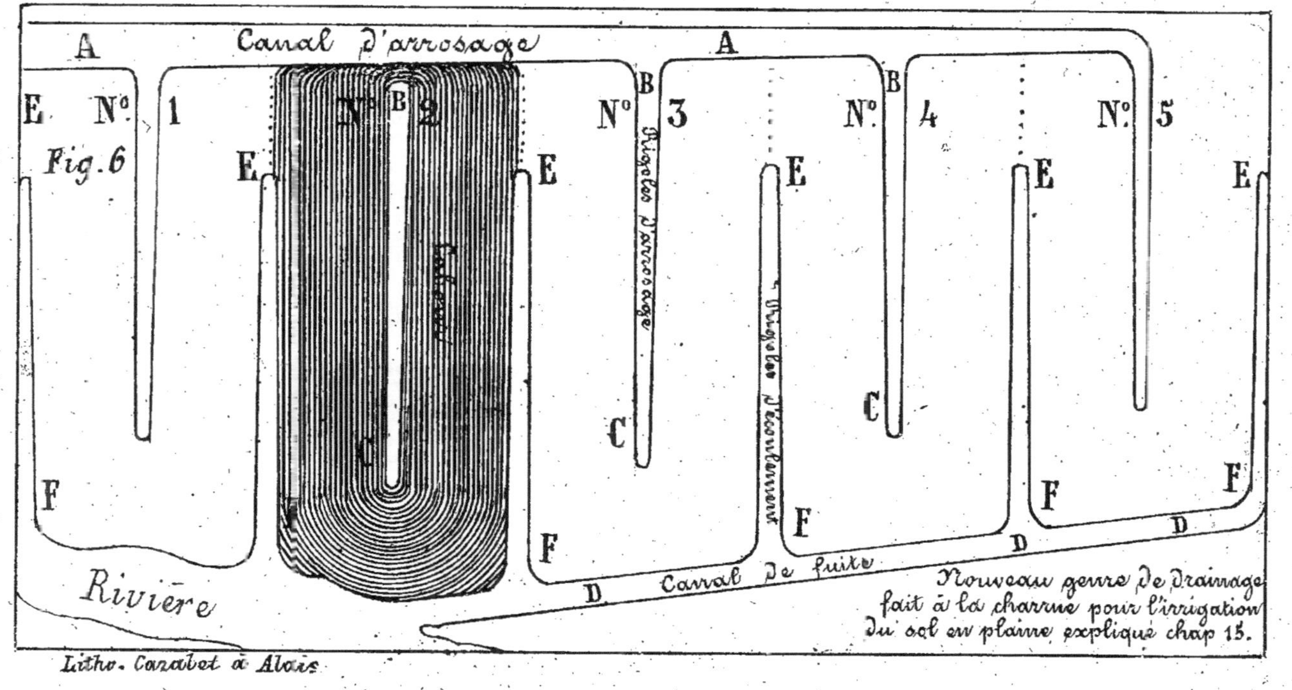

Fig. 6
Canal d'arrosage
A
E N° 1
A
B N° 3
B
N° 4
N° 5
E
E
E
E
E
N° B 2
Cabevet
Rigoles d'arrosage
Rigoles d'écoulement
C
C
F
F
F
F
F
D
D
D
D Canal de fuite
Rivière
Nouveau genre de drainage
fait à la charrue pour l'irrigation
du sol en plaine expliqué chap 15.
Litho. Cazalet à Alais